U0268071

装配式钢结构识图与施工

主　编　刘　芳　田小凤　徐丽丽
副主编　陆华森　丁于强　何慧荣　范文阳
参　编　黄海波　李书文　俞则封　瞿承意

北京理工大学出版社
BEIJING INSTITUTE OF TECHNOLOGY PRESS

内容提要

本书顺应职业教育发展及行业的需求，从装配式钢结构识图和施工的人才需求出发，以职业能力为本位，以必需、够用为度，以《钢结构工程施工规范》（GB 50755—2012）、《门式刚架轻型房屋钢结构》（02SG18-1）等相关规范、标准和图集为依据进行编写。全书内容循序渐进，共分为三大模块七个项目，三大模块包括装配式钢结构基本知识、装配式钢结构施工图识图、装配式钢结构工程施工，七大项目包括装配式钢结构工程概述、装配式钢结构工程材料、装配式钢结构施工图基本知识、装配式门式刚架构造与识图、装配式多层及高层钢结构构造与识图、装配式网架结构构造与识图、装配式钢结构工程制作与安装。每个项目都以案例进行导入，以项目训练进行检验，项目的典型技能操作点及复杂抽象的重难点等内容，通过虚拟仿真动画、微课、现场视频等生成的二维码呈现，同时为突出教材的课程思政引导功能，本书还包含延伸阅读和微课学与思。

本书可作为高职高专院校、中职院校建筑工程技术专业和其他相近专业的教材，也可作为从事装配式钢结构建筑制造、施工和钢结构设计等专业技术人员的培训及参考书。

版权专有　侵权必究

图书在版编目（CIP）数据

装配式钢结构识图与施工 / 刘芳，田小凤，徐丽丽
主编. -- 北京：北京理工大学出版社，2023.8
　　ISBN 978-7-5763-2385-6

Ⅰ.①装…　Ⅱ.①刘…②田…③徐…　Ⅲ.①装配式
构件-钢结构-建筑制图-识图②装配式构件-钢结构-
工程施工　Ⅳ.①TU391

中国国家版本馆CIP数据核字（2023）第086950号

出版发行 / 北京理工大学出版社有限责任公司

社　　　址 / 北京市丰台区四合庄路6号院
邮　　　编 / 100070
电　　　话 / （010）68914775（总编室）
　　　　　　（010）82562903（教材售后服务热线）
　　　　　　（010）68944723（其他图书服务热线）
网　　　址 / http：//www.bitpress.com.cn
经　　　销 / 全国各地新华书店
印　　　刷 / 河北鑫彩博图印刷有限公司
开　　　本 / 787毫米×1092毫米　1/16
印　　　张 / 16　　　　　　　　　　　　　　　　　　责任编辑 / 钟　博
字　　　数 / 378千字　　　　　　　　　　　　　　　　文案编辑 / 钟　博
版　　　次 / 2023年8月第1版　2023年8月第1次印刷　责任校对 / 周瑞红
定　　　价 / 68.00元　　　　　　　　　　　　　　　　责任印制 / 王美丽

　　装配式建筑是建造方式的重大变革，是驱动建筑业转型升级，实现绿色发展的重要途径，是建筑工业化与信息化的高度融合，具有设计标准化、生产工厂化、施工装配化、管理信息化、装修一体化和应用智能化的特点。国办发〔2016〕71号《关于大力发展装配式建筑的指导意见》明确提出要大力发展装配式混凝土建筑和钢结构建筑，力争用10年左右时间，使装配式建筑占新建建筑面积的比例达到30%。党的二十大报告在总体目标中明确提出：到二〇三五年，我国广泛形成绿色生产生活方式，碳排放达峰后稳中有降，生态环境根本好转，美丽中国目标基本实现。装配式钢结构建筑是实现绿色发展、建筑工业化的典型代表，绿色、可循环的理念体现在建筑设计、施工、建造、拆除及异地重建的全寿命周期，因此，政府大力鼓励和优先发展装配式钢结构建筑。

　　本书按照国家高等职业教育教材建设要求，以及高职高专建筑工程技术等土建类专业的教学改革的要求，根据《钢结构设计标准》（GB 50017—2017）和其他新规范、新技术、新标准、新工艺进行编写。本书顺应职业教育的发展和行业的需求，从钢结构识图和施工的实际需求出发，将现代信息技术渗入教材建设，打造立体化、多元化、信息化的共享资源。本书图文并茂，资源丰富。书中除配有大量的图片和三维模型外，还配套了二维码教学资源（现场视频、图片、仿真动画等），使学习立体化、可视化，突破时间和空间的局限性；采用新编图表全解活页式形式，创建"互联网＋"创新型教材。本书对接装配式钢结构建筑新技术，以企业岗位（群）任职要求、职业标准设计教学内容，融入装配式"1＋X"职业技能等级证书、建造师考试大纲对钢结构知识的要求，实现教证融通。

　　本书由广西交通职业技术学院刘芳、田小风、徐丽丽担任主编；广西交通职业技术学院陆华森、范文阳，柳州城市职业学院丁于强，浙江太学科技集团有限公司何慧荣担任副主编。具体分工为：模块一的项目一、二、三由徐丽丽、丁于强编写，模块二的项目一、二由田小风、陆华森编写，项目三由田小风、何慧荣编写，模块三由刘芳、范文阳编写。刘芳负责组织编写及全书整体统稿工作。

　　本书在编写过程中，参考了国内外同行和同类教材的相关资料，得到了广西建工集团第

FOREWORD

五建筑工程有限责任公司、广西景典钢结构有限公司的企业专家的支持和兄弟院校专家同行的帮助，在此表示感谢。

由于编者水平有限，书中不当之处在所难免，恳请广大读者提出宝贵意见和建议。

编　者

CONTENTS

目录

CONTENTS

模块一

装配式钢结构基本知识

项目一 装配式钢结构工程概述

项目目标

知识目标

（1）了解装配式钢结构发展的历史和趋势；

（2）说出装配式钢结构的优缺点；

（3）说出装配式钢结构的结构形式；

（4）说出装配式钢结构的应用范围。

能力目标

（1）能了解装配式钢结构的发展历程；

（2）能描述钢结构的优缺点；

（3）能描述钢结构的应用，能辨别钢结构的类型。

素养目标

（1）具备严谨认真的职业精神和规范意识；

（2）学习行业新技术、了解行业新动态，具备与时俱进的专业技能。

项目描述

钢结构是从承重骨架的材料角度定义的，是指结构体系中主要受力构件由钢材做成。

国家体育场（鸟巢）是典型的钢结构建筑，位于北京奥林匹克公园中心区南部，为 2008 年北京奥运会的主体育场，占地 20.4 万 m²，建筑面积为 25.8 万 m²，可容纳 9.1 万名观众，在此举行了奥运会、残奥会的开、闭幕式，田径比赛及足球比赛决赛（图 1-1）。奥运会后成为北京市民参与体育活动及享受体育

图 1-1 国家体育场

娱乐的大型专业场所，并成为地标性的体育建筑和奥运遗产。在项目一中，我们将结合实际工程，一起了解装配式钢结构的发展历程，学习钢结构的优缺点和应用前景。

钢结构工程的历史、现状和趋势；钢结构工程的特点；钢结构工程的结构形式；钢结构工程的应用范围。

◆案例引入◆　大力发展钢结构建筑

2020年8月28日，为全面贯彻新发展理念，推动城乡建设绿色发展和高质量发展，以新型建筑工业化带动建筑业全面转型升级，打造具有国际竞争力的"中国建造"品牌，住房和城乡建设部等9部门联合印发《关于加快新型建筑工业化发展的若干意见》，在具体措施中明确提出：要大力发展钢结构建筑。鼓励医院、学校等公共建筑优先采用钢结构，积极推进钢结构住宅和农房建设。完善钢结构建筑防火、防腐等性能与技术措施，加大热轧H型钢、耐候钢和耐火钢应用，推动钢结构建筑关键技术和相关产业全面发展。

钢结构建筑具有绿色环保、工业化程度高、施工进度快等特点，在加快推进新型建筑工业化过程中大力发展钢结构建筑，对推动钢铁生产企业和建筑行业深度融合、促进绿色低碳循环发展、带动建筑业全面转型升级等具有非常重要的意义。

★同学们，请说一说你所在的城市，有哪些钢结构建筑。

任务一　了解钢结构工程的历史、现状和趋势

一、钢结构工程的发展

我国是最早使用铁建造结构的国家之一，比较著名的是铁链桥和纪念性建筑，如兰津桥和甘露寺铁塔，比西方国家早数百年。但是在18世纪末的工业革命兴起后，西方国家的冶金技术和土木工程得到了快速发展，而此时的中国，由于封建制度下的生产力发展极其缓慢，特别是在中华人民共和国成立前的百年历史中，钢结构发展几乎完全停滞。

20世纪50—60年代，在苏联的经济技术援助下，我国钢结构迎来了第一个初盛期，在工业厂房、桥梁、大型公共建筑和高耸构筑物等方面都取得了卓越的成就，至今仍发挥着巨大的作用，如鞍钢、宝钢、武钢、沈阳飞机制造厂、大连造船厂、北京体育馆（跨度57 m的两铰拱）、人民大会堂（跨度60.9 m的钢屋架）、武汉长江大桥（全长1 670 m）等，并且编制了我国第一部钢结构行业规范《钢结构设计规范试行草案》（规结4-54），缩小了与发达国家之间的差距。

20 世纪 60 年代中后期至 70 年代，尽管我国冶金工业有了较大的发展，但各部门需要的钢材量也越来越多，国家提出在建筑业节约钢材的政策，并且在执行过程中出现了一些失误，限制了钢结构的合理使用与发展，钢结构发展进入低潮。但这一时期的行业规范有了实质性的进展，编制了《弯曲薄壁型钢结构技术规范草案》（1969）、《钢结构工程施工及验收规范》（GBJ 18—66）和《钢结构设计规范》（TJ 17—74），标志着我国的钢结构设计技术已走上了独立发展的道路。

20 世纪 80 年代，我国引进国外现代钢结构建筑技术，促进了各种钢结构厂房的建成，如上海宝山钢铁厂（105 万 m^2）、山东石横火力发电厂等；深圳、北京、上海等地也相继兴建了一些高层钢结构建筑，如深圳发展中心大厦（高 165 m，是我国第一幢超过 100 m 的钢结构高层建筑）、北京京广大厦（高 208 m），迎来了钢结构发展的又一次高峰。

自 20 世纪 90 年代至今，我国钢材产量持续多年居世界第一，国家相继出台了多项鼓励建筑用钢政策，使钢结构行业步入快速发展期，钢结构的发展日新月异，规模更大，技术更新，呈现出数百年来未曾有过的兴旺景象，被称为建筑行业的"朝阳产业"。代表建筑有深圳帝王大厦（高 325 m）、上海金贸大厦（高 460 m）、上海东方明珠电视塔（高 468 m）等。在这一时期，网架结构、门式刚架结构、钢管结构、多（高）层钢结构等都得到了快速发展。

尽管我国钢结构发展迅猛，但主要集中应用于工业厂房、大跨度或超高层建筑中，钢结构建筑在全部建筑中的应用比例还非常低，不到 1%，而美国、瑞典、日本等国家的钢结构房屋面积已达到总建筑面积的 40% 左右。我国建筑用钢在钢材总产量中的比例也很低，为 20% ～ 30%，低于发达国家的 45% ～ 55%，而且我国绝大多数建筑用钢是用于钢筋混凝土结构和砌体结构中的钢筋，钢结构用钢（板材、型材等）还不到建筑用钢的 2%。因此，我国钢结构还是一个很年轻的行业，总体水平与西方发达国家相比，仍有较大的差距。

二、钢结构工程的现状及发展前景

近年来，我国钢结构发展取得了突出的成就，成功建设了一批具有世界领先水平的钢结构标志性工程，涌现了一批具备研发、设计、制造、安装、运营综合能力的大型企业，形成了以《钢结构设计标准》（GB 50017—2017）为基础，各门类钢结构相关国家标准规范及行业标准规范为主体的钢结构规范体系，钢结构行业的工程技术体系基本建立，并且在政策引导性上也已经形成了推广钢结构的广泛社会共识。

装配式钢结构是国家重点支持的产业，全国各省市区确立装配式钢结构建筑产业发展目标，提高装配式钢结构建筑比例，部分省市区提出重点区域，到 2020 年，装配式建筑占新建建筑的比例为 20% ～ 30%，到 2025 年达到 50% 以上，部分特大城市甚至提出达到 100%。随着全国大力发展装配式建筑的趋势，特别是京津冀协同发展战略不断深入和雄安新区设立，京津冀地区装配式建筑将实现新突破，成为发展装配式建筑的主战场之一。在高质量发展的新形势下，加快推广应用钢结构建筑，不仅可以充分发挥钢结构自重轻、强度高、抗震性能好、施工周期短、回收利用率高等优点，可实现建筑从工地建造到工厂制造的转变，有效推动建筑行业转型升级；同时，可拉动内需、刺激经济、藏钢于民、化解钢铁产能过剩矛盾。

与传统建筑相比，钢结构建筑具有资源消耗低、污染排放少、可循环利用等突出优势。

在绿色发展行业的发展新趋势下，目前随着环保政策日益趋严，混凝土结构材料价格快速上涨也给钢结构发展带来了新机遇。钢结构建筑可实现建筑业绿色、生态、智能化发展目标，必将成为建筑业乃至大土木行业持续发展的重要支柱。

三、钢结构的发展趋势

钢结构的发展趋势具体可表现在以下几个方面。

（1）研制高强度钢材。应用高强度钢材，对大（跨度）、高（耸）、重（型）的结构非常有利。

（2）轧制并应用新品种型钢。致力于新品种型钢，如 H 型钢、T 型钢、压型钢板和薄壁型钢等。

（3）改进设计方法。在设计方法上采用当前国际上结构设计先进的方法，掌握运用现代科技的测试和计算技术，使钢结构的计算方法反映结构的实际工作情况，从而更合理地使用材料。

（4）采用新型结构。网架结构在工业建筑中的应用还不够普遍。悬索结构造型美观，可最大限度地利用材料，用钢量很低。预应力钢结构是大跨度结构节约钢材的一种有效方法。除压型钢板组合楼盖外，目前推广应用的还有组合梁和钢管混凝土柱等。

（5）应用优化原理。随着电子计算机的广泛应用，已使确定优化的结构形式和优化的截面形式成为可能，从而取得极大的经济效果。

（6）构件的定型化、系列化、产品化。从设计着手，结合制造工艺，将一些易于定型化、标准化的产品规格统一，从而便于互换和大量制造成系列化产品，以达到批量生产、降低造价的效果。

四、钢结构人才发展趋势

钢结构行业所需要的人才从性质上可划分为技术类、营销类、管理类。在高级人才中，技术类主要包括钢结构设计工程师，详图、深化工程师，工艺工程师，高级焊接工艺师等；营销类包括营销总监、市场总监、策划总监等；管理类包括总经理、副总经理、生产厂长、项目经理、人才资源总监。

钢结构设计工程师，详图、深化工程师，工艺工程师，高级焊接工艺师，无损探伤人员一般都要求 5 年以上工作经验，而这些人才在一些二级地区供应远小于需求，如福建、广西、河北、安徽、湖南等。

◆ 学与思

微课：装配式钢结构
的应用与发展史

❖ 探究题

学习微课以后会发现钢结构的应用非常广泛，那您知道我国"十四五"时期发布了哪些推动钢结构建设的支持性政策？

任务二　认识钢结构工程的特点

一、钢结构的优点

钢结构房屋的结构体系主要是由钢板、热轧型钢或冷加工成型的薄壁型钢通过连接、制造、组装而成。目前，钢结构在房屋建筑、地下建筑、桥梁、塔桅和海洋平台中都得到了广泛应用，这是由于钢结构与其他材料的结构相比，具有以下优点。

1. 轻质高强

钢材与其他建筑材料诸如混凝土、砖石和木材相比，强度要高得多，弹性模量也高，因此结构构件质量小且截面小，特别适用于跨度大、荷载大的构件和结构。即使采用强度较低的钢材，其强度与密度的比值也比混凝土和木材大得多，从而在同样受力条件下的钢结构自重轻。结构自重的降低，可以减小地震作用，进而减小结构内力，还可使基础的造价降低，这个优势在软土地区更加明显。另外，构件轻也便于运输和安装。

2. 钢结构塑性、韧性好

钢材塑性好，钢结构不会因偶然超载或局部超载而突然断裂破坏，只会增大变形，容易被发现；钢材韧性好，使钢结构较能适应振动荷载，地震区的钢结构比其他材料的工程结构更耐震，钢结构一般是地震中损坏最少的结构。

3. 材质均匀，和力学的假定比较符合

钢材组织均匀，接近各向同性，而且在一定的应力幅度内几乎是完全弹性的，弹性模量大，有良好的塑性和韧性，为理想的弹性－塑性体。钢结构的实际工作性能比较符合目前采用的理论计算模型，因此可靠性高。

4. 抗震性能优越

钢结构自重轻，结构体系相对较柔，所以受到的地震作用较小，钢材又具有较高的抗拉和抗压强度及较好的塑性和韧性，因此，在国内外的历次地震中，钢结构是损坏最轻的结构，已被公认为是抗震设防地区特别是强震区的最合适结构材料。

5. 工业化程度高，施工周期短

钢结构所用材料皆可由专业化的金属结构厂轧制成各种型材，加工制作简便，准确度和精密度都较高。制成的构件可运输到现场拼装，采用焊接或螺栓连接（图 1-2）。因构件较轻，故安装方便，施工机械化程度高，工期短，为降低造价、发挥投资的经济效益创造了条件。

6. 密封性好

钢结构采用焊接连接后可以做到安全密封，能够满足一些要求气密性和水密性好的高压容器、大型油库、气柜油罐和管道等的要求。

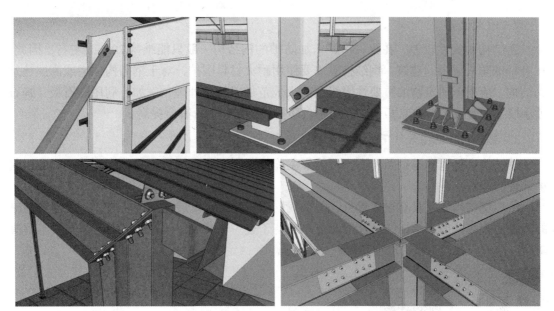

钢结构厂房，构件在工厂流水线上生产，现场用螺栓连接，整个建设周期可以很短

图 1-2　钢结构厂房拼装

7. 钢结构节能、环保

与传统的砌体结构和混凝土结构相比，钢结构属于绿色建筑结构体系。钢结构房屋的墙体多采用新型轻质复合墙板或轻质砌块，如高性能 NALC 板（即配筋加气混凝土板）、复合夹心墙板、幕墙等；楼（屋）面采用复合楼板，如压型钢板－混凝土组合板、轻钢龙骨楼盖等，符合建筑节能和环保的要求。钢结构加工制造过程中产生的余料和碎屑，以及废弃和破坏了的钢结构或构件，均可回炉重新冶炼成钢材重复使用。因此，钢材被称为绿色建筑材料或可持续发展的材料。

另外，钢结构的施工方式为干式施工，可避免混凝土湿式施工所造成的环境污染。钢结构材料还可利用夜间交通流畅期间运送，不影响城市闹市区建筑物周围的日间交通，噪声也小。另外，对于已建成的钢结构也比较容易进行改建和加固，用螺栓连接钢结构还可以根据需要进行拆迁，也有利于环境保护。

二、钢结构的缺点

钢结构具有很多优点，但自身的缺点也会给其应用造成一定的影响。

1. 钢材耐腐蚀性差，应采取防护措施

钢材在潮湿环境中易于锈蚀，处于有腐蚀性介质的环境中更易生锈，因此，钢结构必须进行防锈处理。尤其是暴露在大气中的结构、有腐蚀性介质的化工车间及沿海建筑，更应特别注意防腐问题。

钢结构的防护可采用油漆、镀铝（锌）复合涂层。但这种防护并非一劳永逸，需要相隔一段时间重新维修，因而其维护费用较高。目前，国内外正发展不易锈蚀的耐候钢，另外，长效油漆的研究也取得进展，使用这种防护措施可延长钢结构寿命，节省维护费用。

2. 耐火性差

钢结构耐火性较差，在火灾中，未加防护的钢结构一般只能维持 20 min 左右，因此，在有特殊防火要求的建筑，钢结构更需要使用耐火材料围护，对于钢结构住宅或高层建筑钢结构，应根据建筑物的重要性等级和防火规范加以特别处理，例如，利用蛭石板、蛭石喷涂层、石膏板或 NALC 板等加以防护。防护使钢结构造价有所提高。

3. 钢结构在低温条件下可能发生脆性断裂

钢结构在低温和某些条件下，可能发生脆性断裂，还有厚板的层状撕裂等，都应引起设计者的特别注意。

虽然钢结构体系具有很多优点，但在我国毕竟还处于发展的初期阶段，目前需要解决的问题还很多，如钢结构技术及配套体系有待于进一步开展、研究和完善；需要妥善解决防腐、防火问题；工程造价也需要进一步降低。

 ◆ 学与思　　　　钢结构的优点是什么？

钢结构的缺点是什么？

微课：装配式钢结构的特点

任务三　钢结构工程的结构形式

在钢结构工程中，根据结构形式不同，可划分为多种类型，如门式刚架结构、框架结构、网架结构、钢管结构、索膜结构等。

一、门式刚架结构

门式刚架结构起源于 20 世纪 40 年代，由于投资少、施工速度快，目前广泛应用于各种房屋中，在工业厂房中最为常见，单跨跨度可达 36 m，很容易满足生产工艺对大空间的要求。

门式刚架屋盖体系大多由冷弯薄壁型钢檩条、压型钢板屋面板组成。外墙一般采用冷弯薄壁型钢墙梁和压钢板墙板，也可以采用砌体外墙或下部为砌体上部为轻质材料的外墙。当刚架柱间距较大时，檩条之间、墙梁之间一般设置圆钢拉条。由于山墙风荷载较大，山墙需要设置抗风柱，同时，也便于山墙墙梁和墙面板的安装固定。如图 1-3 所示为钢结构门式刚架结构。

图 1-3　钢结构门式刚架结构

另外，为了保证结构体系的空间稳定，还需要设置柱间支撑、屋面支撑、系杆等支撑体系。柱间支撑一般由张紧的交叉圆钢或角钢组成，屋面支撑大多采用张紧交叉圆钢，系杆采用钢管或其他型钢。当有起重机时，除吊车梁外，还要设置起重机制动系统，如制动梁或制动桁架等。门式刚架的基础一般采用钢筋混凝土独立基础。

二、框架结构

图 1-4　钢框架结构

框架结构是由钢梁和钢柱连接组成的一种结构体系，梁与柱的连接可以是刚性连接或铰接，但不宜全部铰接。当梁柱全部为刚性连接时，也称为纯框架结构，如图 1-4 所示。中、低层钢结构房屋多采用空间框架结构体系，即沿房屋的纵向和横向均采用刚接框架作为主要承重构件和抗侧力构件，也可以采用平面框架体系。

框架结构是现代高楼结构中最早出现的结构体系，也是从中、低层到高层范围内广泛采用的最基本的主体结构形式。框架结构无承重墙，对建筑设计而言具有很高的自由度，建筑平面布置灵活，可以做成有较大空间的会议室、餐厅、营业室、教室等，便于实现人流、物流等建筑功能。需要时可用隔断分隔成小房间，或拆除隔断改成大房间，使用非常灵活。外墙采用非承重构件，可使建筑立面设计灵活多变，另外，轻质墙体的使用还可以大大降低房屋自重，减小地震作用，降低结构和基础造价。框架结构的构件易于标准化生产，施工速度快，而且结构各部分的刚度比较均匀，对地震作用不敏感。

当框架结构层数较多时，往往以框架为基本结构，在房屋纵向、横向或其他主轴方向布置一定数量的抗侧力体系，如桁架支撑体系、钢筋混凝土或钢板剪力墙、钢筋混凝土筒等，来增大结构侧向刚度，减小侧向的变形，这些结构体系分别称为框架-支撑体系、框架-剪力墙体系、框筒体系。

三、网架结构

图 1-5　网架结构

网架结构是空间网格结构的一种，它是由大致相同的格子或尺寸较小的单元组成的。由于网架结构具有优越的结构性能，良好的经济性、安全性与适用性，在我国的应用也比较广泛，特别是在大型公共建筑和工业厂房屋盖中更为常见，如图 1-5 所示。

人们通常将平板型的空间网格结构称为网架，将曲面形的空间网格结构称为网壳。网架一般是双层的，在某些情况下也可以做成三层，网壳只有单支和双层两种。网架的杆件多为钢管，有时也采用其他型钢，材质为 Q355。平板网架无论在设计、制作、施工等方面都比较简便，适用于各种跨度屋盖。

四、钢管结构

由闭口管形截面组成的结构体系称为钢管结构。闭口管形截面有很多优点，如抗扭性能好，抗弯刚度大等。如果构件两端封闭，耐腐蚀性也比开口截面有利。另外，用闭口管形截面组成的结构外观比较悦目，也是其优点之一。

近年来，钢管结构在我国得到了广泛的应用，除网架（壳）结构外，许多平面及空间桁架结构体系均采用钢管结构，特别是在一些体育场、飞机场等大跨度索膜结构中，作为主承重体系的钢管桁架结构应用广泛。根据截面形状不同，闭口管形截面有圆管截面和方管（短形管）截面两大类。根据加工成型方法不同，可分为普通热轧钢管和冷弯成型钢管两类。其中，普通热轧钢管又可分为热轧无缝管和高频电焊直缝管等多种。钢管的材料一般采用Q355钢。

钢管结构的节点形式很多，如 X 形节点、T 形节点、K 形节点、KK 形节点等（图 1-6）。其中，KK 形节点属于空间节点。但是由于在节点处连接板件，支管与主管的交界线属于空间曲线，钢管切割、坡口及焊接时难度大，工艺要求高。

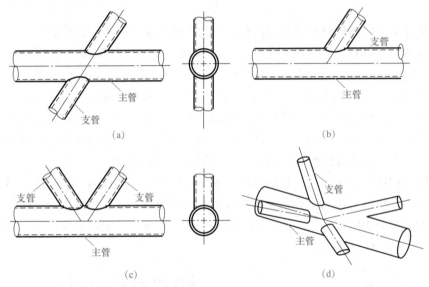

图 1-6　钢管结构的节点形式
(a) X 形节点；(b) T 形节点；(c) K 形节点；(b) KK 形节点

五、索膜结构

索膜结构中的主要受力单元是单向受拉的索和双向受拉的膜，部分索膜结构中还有受压的桁架结构（图 1-7）。索膜结构的最大优点是它的经济性，跨度越大经济性越明显。

在索膜结构中，索可以是线材、线股或钢丝绳，均采用高强度钢材，外露索一般需要镀锌，防止锈蚀。膜的材料可分为织物膜

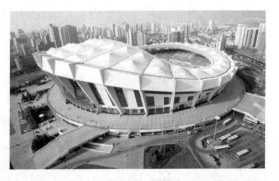

图 1-7　上海体育场索膜结构外景

材和箔片两大类。织物是由纤维平织或曲织做成的，已有较长的应用历史，可分为聚酯织物和玻璃织物两类；高强度箔片都是由氟塑料制造的，近几年才开始用于结构，具有较好的透光性、防老化性和自洁性。

任务四 钢结构工程的应用范围

钢结构行业通常可分为轻型钢结构、高层钢结构、住宅钢结构、空间钢结构和桥梁钢结构等子类。钢结构是指用钢板和热轧、冷弯或焊接型材通过连接件连接而成的能承受和传递荷载的结构形式。钢结构由于其自身的特点和结构形式的多样性，随着我国国民经济的迅速发展，应用范围越来越广。目前钢结构应用范围大致如下。

一、大跨度结构

大跨度结构主要用于飞机库、汽车库、火车站、大会堂、体育馆、展览馆、影剧院等。广州中山纪念堂（1928—1931）、北京人民大会堂、首都体育馆、上海体育馆、上海文化广场等均采用了大跨度网架结构。结构跨度越大，自重在全部荷载中所占的比重也就越大，减轻自重可以获得明显的经济效果。

二、高层建筑

高层建筑结构多用于旅馆、饭店、公寓等建筑。现在采用钢结构的高层建筑越来越多，如深圳地王大厦，上海浦东金茂大厦，北京的京广中心、央视新大楼等。

三、工业厂房

钢结构一般用于重型车间的承重骨架。钢铁联合企业和重型机械制造业有许多车间属于重型厂房，如冶金工厂的平炉车间、补轧车间、混铁炉车间；重型机器厂的铸钢车间、水压机车间、锻压车间；造船厂的船台车间；飞机制造厂的装配车间及其他工厂跨度较大车间的屋架、吊车梁等。这些车间的主要承重骨架往往全部或部分采用钢结构。如宝钢、鞍钢、武钢等钢铁公司的主要厂房都是钢结构。

四、轻型钢结构

轻型钢结构包括轻型门式刚架房屋钢结构、冷弯薄壁型钢结构及钢管结构。这些结构常用于使用荷载较小或跨度较小的建筑，但不限于轻型小跨度结构。近年来，由薄钢板做成的拱形波纹屋盖结构推广较快。这种将屋面结构和屋盖承重结构合二为一的钢结构体系，用钢量很低，成为一种新兴的轻钢屋盖结构体系。

五、高耸结构

高耸结构包括塔架和桅杆结构，如高压输电线路的塔架、广播和电视发射用的塔架和桅杆等。

六、板壳结构

用钢板焊成的容器具有密封和耐高压的特点，广泛用于冶金、石油、化工企业中，包括油罐、煤气罐、高炉、热风炉等。另外，经常使用的还有皮带通廊栈桥、管道支架、钻井和采油塔架，以及海上采油平台等其他钢构筑物。

7. 可拆卸的结构

钢结构不仅质量小，还可以使用螺栓或其他便于拆装的手段来连接。需要搬迁的结构，如建筑工地生产和生活临时用房（图1-8）、临时性展览馆等，常采用钢结构。钢筋混凝土结构施工用的模板支架，现在也趋向于用工具式的钢桁架。

图1-8　移动板房

延伸阅读　钢结构赏析

钢结构示例如图1-9～图1-13所示。

图1-9　深圳地王大厦

图1-10　广州塔

图1-11　西气东输玛纳斯压气站

图1-12　鞍钢热轧带钢厂

图1-13　拱形波纹屋盖结构的小型仓库

◆ 学与思

微课：装配式钢结构的应用

❖ 思考题

延伸阅读中的五个钢结构分别属于哪种应用类型？

项目总结

本项目主要讲述了钢结构发展的历史、现状和趋势，钢结构工程的特点，钢结构的结构形式，钢结构的优缺点和应用范围。本项目旨在使学生在学习钢结构的识图之前对钢结构的特点有基本了解，为后续学习打下基础。

项目训练

项目训练 钢结构基本知识						
班级		姓名		学号		日期

一、单项选择题

1. 钢结构最大的优点是（　　）。
   A. 塑性和韧性好　　　　　　　　　　B. 接近匀质等向体
   C. 钢材具有可焊性　　　　　　　　　D. 钢材强度高、自重轻

2. 钢结构的最大缺点是（　　）。
   A. 造价高，不经济　　　　　　　　　B. 防火性能差
   C. 耐腐蚀性能差　　　　　　　　　　D. 脆性断裂

3. 在其他条件（如荷载、跨度等）相同的情况下，自重最轻的是（　　）。
   A. 木结构　　　　　　　　　　　　　B. 钢筋混凝土结构
   C. 钢结构　　　　　　　　　　　　　D. 砖石结构

4. 钢结构更适合于建造大跨结构，这是由于（　　）。
   A. 钢材具有良好的耐热性
   B. 钢材具有良好的焊接性
   C. 钢结构自重轻而承载力高
   D. 钢结构的实际受力性能和力学计算结果最符合

5. 关于钢结构的特点叙述错误的是（　　）。
   A. 建筑钢材的塑性和韧性好
   B. 钢材的耐腐蚀性很差

C. 钢材具有良好的耐热性和防火性

D. 钢结构更适合于建造高层和大跨结构

6. 钢结构具有良好的抗震性能是因为（　　）。

    A. 钢材的强度高　　　　　　　　　　　　B. 钢结构的重量轻

    C. 钢材良好的吸能能力和延性　　　　　D. 钢结构的材质均匀

7. 下列不是钢框架结构的优点的是（　　）。

    A. 自重轻　　　　　　　　　　　　　　　B. 抗震性好

    C. 施工速度快　　　　　　　　　　　　D. 结构复杂

8. 塔架和桅杆的结构形式属于（　　）。

    A. 高耸钢结构　　　　B. 板壳结构　　　　C. 轻型钢结构　　　　D. 大跨结构

二、多项选择题

1. 钢结构工程的应用范围有（　　）。

    A. 厂房结构　　　　　　　　　　　　　B. 大跨度结构

    C. 板壳结构　　　　　　　　　　　　　D. 高耸结构

2. 在钢结构工程中，根据结构形式不同，主要可划分的类型包括（　　）。

    A. 门式刚架结构　　　　　　　　　　　B. 框架结构

    C. 网架结构　　　　　　　　　　　　　D. 钢管结构

    E. 索膜结构

三、简答题

1. 钢结构有哪些特点？

2. 简述钢结构的应用范围。

3. 简述国内钢结构的发展历程及现状。

4. 谈一谈你对钢结构这门课程的了解及想要了解的问题。

项目二　装配式钢结构工程材料

项目目标

知识目标
（1）掌握装配式钢结构钢材的基本性能；
（2）说出常见钢材的规格和品种；
（3）说出装配式钢结构工程防火和防腐基本要求。

能力目标
（1）能够识读钢结构钢材符号；
（2）能够根据工程要求条件，正确选择钢材。

素养目标
（1）具备严谨认真的职业精神和规范意识；
（2）不触碰底线，严守职业道德；
（3）读匠人故事，学匠人精神。

项目描述

2019 年 9 月 25 日，世界规模最大的单体机场航站楼、被外媒称为"新世界七大奇迹"之首的北京大兴国际机场正式投运，如图 2-1 所示。

凤凰展翅，逐梦蓝天。这一高光时刻让人欢欣鼓舞，这背后的故事更值得深入挖掘。自北京大兴国际机场开始建设以来，中国钢铁人勇挑重担、攻坚克难，以大量优质高端的钢铁

图 2-1　北京大兴国际机场

产品，撑起了新机场腾飞的翅膀。据了解，新机场航站楼综合体总用钢量达 45 万吨，其中钢结构用钢量 13 万吨，相当于两艘辽宁舰的全部用钢量。

在项目二中，我们首先了解钢材的主要性能和要求，然后学习钢结构用钢的品种和规格，最后学习钢材的选用、防腐和防火。

钢材的主要性能和要求；钢结构用钢材的品种和规格；钢材的选用；钢材的防腐和防火。

◆**案例引入**◆　　**节能减排，促进低碳经济发展**

2022 年 4 月，中国绿色钢铁国际峰会在中国上海召开，本次峰会背景是：在碳中和策略大力部署与实践的过程中，不仅促进了全球可持续性发展，也为各行业带来一系列挑战。绿色钢铁作为低碳、甚至零碳排放生成的产品，日渐成为钢铁行业发展的未来主题之一，为实现"双碳"目标贡献巨大力量（图 2-2）。根据世界钢铁协会对钢铁需求预测报告表明，全球钢铁需求量预计 2021 年增长 4.5% 至 18.554 亿 t，预计 2022 年进一步增长 2.2% 至 18.964 亿 t。驱动市场需求的因素包括：钢铁始终作为重要基础原材料的角色，下游建筑、汽车、机械等行业对优特钢的需求，全球环保政策趋严对钢铁高质量发展的要求等。同时，钢铁行业也存在着很多挑战，例如，整个钢铁行业减排压力巨大，为落实碳中和创新技术与工艺的高成本，钢铁行业产业链上的企业对钢铁高质量的管控。挑战也催生着新机遇，氢能冶炼钢铁逐步实现零碳炼钢，可再生钢铁的循环再利用等也带出了很多新的商机与可能。

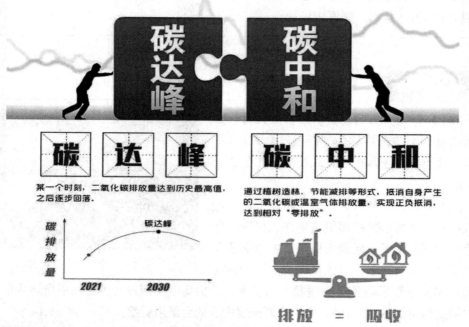

图 2-2　双碳目标

★节能减排是国家政策，也是可以造福人类的措施，钢结构应成为节能减排政策的排头兵，请同学们通过自己的学习，说一说感想。

任务一 钢材主要性能和要求

一、钢材的破坏形式

钢材有两种性质完全不同的破坏形式，即塑性破坏和脆性破坏。

钢结构所用材料具有较高的塑性和韧性，当变形过大，超过材料或构件可能的应变能力，构件的应力达到钢材的抗拉强度 f_u 后，会发生塑性破坏，如图 2-3 所示。塑性破坏发生前会产生较大的塑性变形，且变形持续的时间较长，断裂后的断口呈纤维状，色泽发暗。若发生的是塑性破坏，较容易发现并及时采取措施予以补救，不致引起严重后果。同时，塑性变形后构件出现内力重分布，使结构中原先受力不等的部分应力趋于均匀从而可提高结构的承载能力。

虽然钢结构材料具有较高的塑性和韧性，但由于冶金和机械在加工过程中产生的缺陷，特别是缺口和裂纹，有时会导致发生脆性破坏，如图 2-4 所示。脆性破坏发生前没有任何预兆，塑性变形很小，甚至没有塑性变形，计算应力可能小于钢材的屈服点 f_y，从应力集中处开始断裂，断口平直并呈有光泽的晶粒状。脆性破坏前没有明显的预兆，无法及时察觉和补救，而且个别构件的断裂常引起整个结构塌毁，危及生命财产的安全，后果严重。因此，在设计、施工和使用钢结构时，要特别注意防止出现脆性破坏。

图 2-3 延性试样断裂

图 2-4 脆性试样断裂

二、钢材的主要性能

（一）力学性能

钢材的力学性能是指标准试件在常温荷载情况下，单向均匀受拉试验测得的屈服强度、抗拉强度、伸长率、冷弯性能和冲击韧性等，也称机械性能。

1. 屈服强度 f_y（上屈服强度）

钢材单向拉伸应力－应变曲线中 OA 为弹性阶段，随着荷载增加，进入塑性流动范围，此时曲线波动较大，以后逐渐趋于平稳，其最高点和最低点分别称为上屈服强度和下屈服强度（也称上屈服点和下屈服点），如图 2-5 所示。在新的钢结构设计标准中，以上屈服点作为钢材屈服强度代表值。低碳钢和低合金钢都具有明显的屈服平台，而热处理钢材和高碳钢则属于没有明显屈服点和屈服台阶的钢，这类钢根据试验分析结果人为规定，称为条件屈服点。条件屈服点是以卸荷后试件中残余应变 ε_r 为 0.2% 所对应的应力，用 $f_{0.2}$ 表示，如图 2-6 所示。

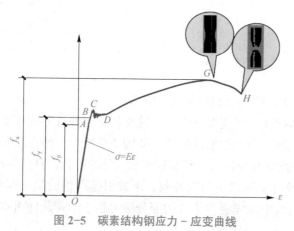

图 2-5　碳素结构钢应力－应变曲线

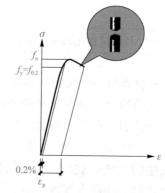

图 2-6　高强度钢的应力－应变曲线

2. 抗拉强度

单向拉伸应力－应变曲线中最高点 G 点所对应的强度，称为抗拉强度，它是钢材极限强度。当应力达到 G 点时，试件发生颈缩，如图 2-5 所示，至 H 点断裂，当以屈服点应力 f_y 作为强度限值时，抗拉强度 f_u 只能作为材料的强度储备。

3. 伸长率

伸长率是试件被拉断时的绝对变形值与原标距的百分比。当试件标距长度 l_0 与试件直径 d 之比为 10 时，以 δ_{10} 表示，当该比值为 5 时，用 δ_5 表示。伸长率代表钢材断裂前具有的塑性变形能力，这种能力使得结构制造时，钢材即使经受剪切、冲压、弯曲及捶击作用产生局部屈服而无明显破坏。伸长率越大，钢材塑性和延性越好。

4. 冷弯性能

冷弯性能由冷弯试验来确定（图 2-7）。根据试样厚度，在常温条件下按照规定的弯心直径将试样弯曲 180°，若表面不出现裂纹和分层即为合格。冷弯性能是鉴定钢材在弯曲状态下塑性应变能力和钢材质量的综合指标，因为冷弯试验不仅能直接检验钢材塑性变形能力，还能暴露钢材内部的冶金缺陷，如硫、磷偏析和硫化物与氧化物的掺杂情况。重要结构中需要钢材有良好的冷、热加工工艺性能时，应有冷弯试验合格保证。

5. 冲击韧性

冲击韧性是钢材抵抗冲击荷载的能力，它用钢材在断裂时所吸收的总能量来衡量，如图 2-8 所示。单向拉伸试验所表现的钢材性能都是静力性能，韧性则是动力性能。韧性是钢材强度、塑性的综合指标，韧性越低则发生脆性破坏的可能性越大。韧性值受温度影响很大，当温度低于某一值时将急剧下降，因此，应根据相应温度提出要求。塑料材料的冲击韧性在工程应用上是一项重要的性能指标，它反映不同材料抵抗高速冲击而致破坏的能力。

图 2-7　钢筋冷弯试验

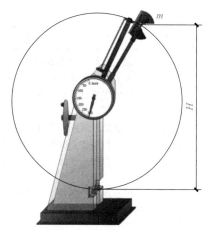

图 2-8　冲击韧性试验

（二）物理性能

钢材和钢铸件的弹性模量 E、剪变模量 G、线膨胀系数 α 和质量密度 ρ 见表 2-1。

表 2-1　钢材物理性能指标

弹性模量 E/MPa	剪变模量 G/MPa	线膨胀系数 α/℃	质量密度 ρ/（kg·m^{-3}）
2.06×10^5	7.9×10^4	1.2×10^{-5}	7 850

（三）各种因素对钢材主要性能的影响

1. 化学成分的影响

钢由各种化学成分组成，其含量对钢的性能特别是力学性能有着重要的影响。钢的基本元素是铁（Fe）和碳（C）。碳素结构钢中纯铁约占 99%，其余是碳（C）和硅（Si）、锰（Mn）、硫（S）、磷（P）、氧（O）、氮（N）等，以及在低合金结构钢中的合金元素（低于 5%），如铜（Cu）、钒（V）、钛（Ti）、铌（Nb）、铬（Cr）等。碳和其他元素的含量尽管不大，但对钢的机械性能却有着决定性的影响，具体见表 2-2。

表 2-2　各元素对钢材性能的影响

化学元素	对钢材性能的影响	含量限值
碳	随着碳含量的增加，钢材的屈服点和抗拉强度提高，而塑性和冲击韧性尤其是低温冲击韧性下降，冷弯性能、可焊性和抗锈蚀性能等也明显恶化	一般应不超过 0.17%～0.22%
硫	在焊接或热加工过程有可能引起裂纹——热脆。另外，硫还会降低钢的塑性、冲击韧性和抗锈蚀性能	严格控制钢材中硫含量，一般应不超过 0.035%～0.050%
磷	提高钢的强度和抗锈蚀能力，但严重地降低钢的塑性、冲击韧性、冷弯性能和可焊性，特别是在低温时使钢材变脆——冷脆	一般应不超过 0.035%～0.045%
氧	氧的影响与硫相似，使钢"热脆"	氧含量应低于 0.05%
氮	氮的影响则与磷相似，使钢"冷脆"	氮含量应低于 0.008%

化学元素	对钢材性能的影响	含量限值
硅	强脱氧剂，加入普通碳素钢中，以制成质量较优的镇静钢，适量的硅可提高钢的强度，而对塑性、冲击韧性、冷弯性能及可爆性无明显不良影响	含量一般不大于0.30%
锰	较弱的脱氧剂，当锰含量不太多时可有效地提高钢材的屈服点和抗拉强度，降低硫、氧对钢材的热脆影响，改善钢材的热加工性能和冷脆倾向，且对钢材的塑性和冲击韧性无明显降低	锰含量一般为0.3%～0.8%，低合金锰钢中为1.2%～1.6%
钒（V）、钛	提高钢材的强度，细化钢的晶粒，增加钢的抗锈蚀性能，对塑性降低不明显	
铜	抗锈蚀性	

2. 冶金缺陷

常见的冶金缺陷有偏析、非金属夹杂、气孔、裂纹及分层等。偏析是钢中化学成分不均匀，特别是硫、磷偏析会严重恶化钢材性能。非金属夹杂是钢中含有硫化物和氧化物等杂质。气孔部分是浇铸钢锭时，由氧化铁与碳作用所生成的一氧化碳气体不能充分逸出而形成的。钢材在厚度方向不密合，分成多层，称为分层。这些缺陷都将影响钢材的力学性能，其不仅在结构和构件受力时表现出来，有时在加工制作过程中也可表现出来。

3. 钢材的硬化

冶炼时留在纯铁体中少量氮和碳的固溶体，随着时间的增长将逐渐析出，并形成氮化物和碳化物，它们对纯铁体的塑性变形起着遏制作用，从而使钢材的强度提高，塑性和韧性下降，这种现象称为时效硬化，俗称老化。时效硬化的过程一般很长，但在材料塑性变形后加热，可使时效硬化加速发展，这种方法称为人工时效。

在弹塑性阶段或塑性阶段卸荷后再重复加荷时，钢材的屈服点将提高，即弹性范围增大，而塑性和韧性降低，这种现象称为冷作硬化，如图2-9所示。

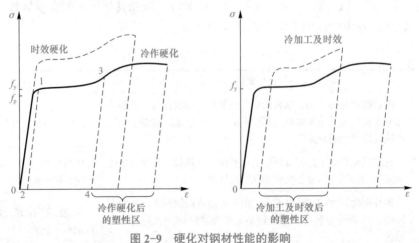

图2-9　硬化对钢材性能的影响

无论何种硬化，都会降低钢材的塑性和韧性，对钢材不利。因此，钢结构设计中一般不利用硬化后提高的强度，而且对于直接承受动荷载的结构还应设法消除硬化的影响。例如，经过剪切机剪切的钢板，为了消除剪切边缘的冷作硬化，可采用火焰烧烤使之"退火"或将边缘刨去 3 ~ 5 mm。

4. 温度的影响

钢材性能随温度变动而有所变化。温度升高，钢材强度降低，应变增大；反之，温度降低，钢材强度会略有增加，塑性和韧性却会降低而变脆，如图 2-10 所示。当温度升高至 250 ℃左右时，f_u 却有提高，而塑性和冲击韧性则下降，出现脆性破坏特征，这种现象称为"蓝脆"（因表面氧化膜呈现蓝色）。在蓝脆温度范围内进行热加工，则钢材易发生裂纹。当温度超过 250 ℃ ~ 350 ℃时，f_y 和 f_u 显著下降，而伸长率 δ 却明显增大，产生徐变现象。当温度达到 600 ℃时，强度接近于零。因此，当结构的表面长期受辐射热达 150 ℃以上，或可能受到炽热熔化金属的侵害时，应采用砖或耐热材料做成的隔热层加以防护。

当温度从常温下降时，钢材的强度将略有提高，但塑性和韧性降低，脆性增大，尤其是当温度下降到负温某一区间时，其冲击韧性急剧降低，破坏特征明显地由塑性破坏转变为脆性破坏，出现低温脆断。如图 2-11 所示为钢材冲击韧性与温度的关系曲线。在低温环境下工作的结构，特别是直接承受动力荷载作用的结构，钢材除须具有常温冲击韧性的合格保证外，还应具有负温冲击韧性的合格保证，以提高抗低温脆断的能力。

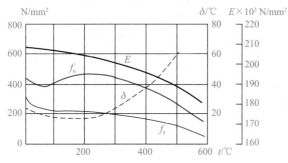

图 2-10　温度对钢材机械性能的影响

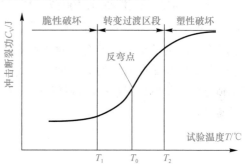

图 2-11　冲击韧性与温度的关系曲线

5. 应力集中的影响

在钢构件中一般常存在孔洞、缺口、凹角及截面的长度或宽度变化等，由于截面的突然改变，应力线曲折、密集，在孔洞边缘或缺口尖端等处，将局部出现高峰应力，而其他部位应力则较低，截面应力分布不再保持均匀，这种现象称为应力集中。

由于钢结构采用的钢材塑性较好，可促使应力进行重分布，使应力不均匀现象逐渐趋于平缓。因此，对承受静力荷载作用的构件，设计时一般可不考虑应力集中的影响。但是，对直接承受动力荷载或在负温下工作的构件，应力集中加上冷作硬化等不利因素，会引起脆性破坏。故设计时，应采取措施避免或减小应力集中，并选用质量优良的钢材。

6. 重复荷载作用的影响（疲劳）

在重复荷载作用下，钢材的破坏强度低于静力荷载作用下的抗拉强度，且呈现突发性的脆性破坏特征，这种破坏现象称为钢材的疲劳。疲劳破坏表现为突然发生的脆性断裂。为防止发生脆性破坏，一般需要在设计、制造与使用中注意合理设计、正确制造及正确使用。

三、钢结构对材料的要求

钢结构的原材料是钢，钢结构的钢种类繁多，性能差别很大，适用于钢结构的钢只是其中的一小部分。钢结构用钢材应符合下列要求。

（1）较高的抗拉强度 f_u 和屈服点 f_y。f_u 是衡量钢材经过较大变形后的抗拉能力。f_u 高可以增加结构的安全保障。f_y 是衡量结构承载能力的指标。f_y 高则可减轻结构自重，节约钢材和降低造价。

（2）较高的塑性和韧性。塑性和韧性好，结构在静荷载和动荷载作用下有足够的应变能力，既可以减轻脆性破坏的倾向，又能通过较大的塑性变形调整局部应力，同时，又具有较好的抵抗重复荷载作用的能力。

（3）良好的工艺性能（包括冷加工、热加工和焊接性能）。良好的工艺性能不但要易于将结构钢材加工成各种形式的结构，而且不致因加工而对结构的强度、塑性、韧性等造成较大的不利影响。

另外，根据具体工作条件，有时还要求钢材具有适应低温、高温和腐蚀性环境的能力。

《钢结构设计标准》（GB 50017—2017）具体规定：承重结构所用的钢材应具有屈服强度、抗拉强度、断后伸长率和硫、磷含量的合格保证，对焊接结构尚应具有碳当量的合格保证。焊接承重结构及重要的非焊接承重结构采用的钢材应具有冷弯试验的合格保证；对直接承受动力荷载或需要验算疲劳强度的构件所用钢材，应当具有冲击韧性的合格保证。图 2-12 所示为利用导图对钢结构用钢材的性能和要求进行的总结。

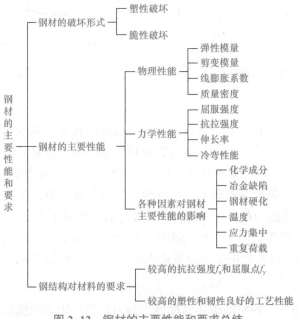

图 2-12　钢材的主要性能和要求总结

任务二 钢结构用钢材的品种和规格

中国的钢结构行业经历了从缓慢起步到迅猛发展的过程。各种钢结构建筑不断涌现，正确认识钢材品种，了解钢材规格，有利于在钢结构生产、施工、维护中正确操作。

一、钢材的品种

1. 钢材的分类

按冶炼时脱氧程度，钢材可分为沸腾钢（代号为 F）、半镇静钢（代号为 b）、镇静钢（代号为 Z）和特殊镇静钢（代号为 TZ），镇静钢和特殊镇静钢的代号可以省去。其中，镇静钢的各种力学性能比沸腾钢优越，可用于受冲击荷载的结构或其他重要结构（图 2-13）。

按化学成分，钢又可分为碳素钢和合金钢（图 2-13）。碳素钢的化学成分主要是铁，其次是碳，故也称碳钢或铁碳合金。合金钢是在炼钢过程中，为改善钢材的性能，特意加入某些合金元素而制得的一种钢。常用的合金元素有硅、锰、钛、钒、铌、铬等。按合金元素总含量不同，合金钢又可分为低合金钢、中合金钢和高合金钢。低合金钢合金元素总含量小于 5%；中合金钢合金元素总含量为 5%～10%；高合金钢合金元素总含量大于10%。

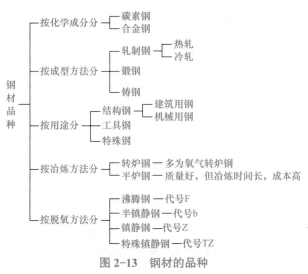

图 2-13 钢材的品种

建筑结构上所用的钢材主要是碳素结构钢、低合金高强度结构钢和优质碳素结构钢。

（1）碳素结构钢。国家标准《碳素结构钢》（GB/T 700—2006）中规定，按质量等级将碳素结构钢分成 A、B、C、D 四级。在保证钢材力学性能符合标准规定的情况下，各牌号A 级钢的碳、锰、硅含量可以不作为交货条件；B、C、D 级钢应保证屈服强度、抗拉强度、伸长率、冷弯及冲击韧性等指标。

碳素结构钢的牌号由代表屈服强度的汉语拼音字母（Q）、屈服强度具体数值、质量等级（A、B、C、D）、脱氧方法符号（如 F、b）四个部分组成。以 Q235 为例，Q235-A-F 表示屈服点为 235 MPa 的 A 级沸腾钢。镇静和特殊镇静钢的代号"Z""TZ"可以省略，C 级钢为镇静钢、D 级钢为特殊镇静钢，脱氧方法的代号也可以省略，如 Q235-C 表示屈服强度为 235 MPa 的 C 级镇静钢，Q235-D 表示屈服强度为 235 MPa 的 D 级特殊镇静钢。

根据钢材厚度不大于 16 mm 时的屈服强度数值，碳素结构钢的牌号表达为 Q195、Q215、Q235、Q275 四大类。其中，Q235 强度适中，有良好的承载性，又具有较好的塑性和韧性，可焊性和可加工性也较好，是钢结构常用的牌号，大量制作成钢筋、型钢和钢板用于建造房屋和桥梁等。其部分力学性能见表 2-3（标准以钢材上屈服点值作为屈服强度的统计代表值，并以符号 R_{eh} 表示）。

（2）低合金高强度结构钢。低合金高强度结构钢是在钢的冶炼过程中添加少量的几种合金元素（含碳量均不大于 0.02%，合金元素总量不大于 0.05%），使钢的强度明显提高，故称低合金高强度结构钢。合金元素有硅（Si）、锰（Mn）、钒（V）、铌（Nb）、铬（Cr）、镍（Ni）及稀土元素等。

2019 年 2 月 1 日实施的国家标准《低合金高强度结构钢》（GB/T 1591—2018）按照钢材厚度（或直径）不大于 16 mm 时的上屈服强度值，将低合金高强度结构钢分成了"热轧"四大类、"正火及正火轧制"四大类、"热机械轧制"八大类，如图 2-14 所示。低合金高强度结构钢均为镇静钢，不用标注脱氧方法，同时不设 A 质量等级，具体力学及工艺性能见表 2-4～表 2-6。

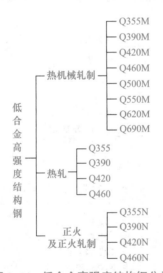

图 2-14　低合金高强度结构钢分类

屈服点数值共分为 Q355、Q390、Q420、Q460、Q500、Q550、Q620、Q690 八种，质量等级以硫、磷等杂质含量由少到多分别为 B、C、D、E、F 五个符号表示，如 Q355NDZ35 表示屈服点为 355 MPa 的 D 级钢板具有厚度方向性能时，在上述规定的版号"Q355ND"后加上代表厚度方向（Z 向）性能级别的符号"Z35"。目前，在建筑钢结构中应用最为广泛的是 Q355 钢，Q390、Q420、Q460 等近年来也已开始使用，但用量不大，使用经验仍需要积累。

（3）优质碳素结构钢。优质碳素结构钢是含碳小于 0.8% 的碳素钢，这种钢中所含的硫、磷及非金属夹杂物比碳素结构钢少，机械性能较为优良，主要用来制造较为重要的机件。在工程中，一般用于生产预应力混凝土用钢丝、钢绞线、锚具，以及高强度螺栓、重要结构的钢铸件等。

优质碳素结构钢的牌号由两位数字表示，即钢中平均含碳量的万分位数。例如，20 号钢表示平均含碳量为 0.20% 的优质碳素钢。

优质碳素结构钢中 08、10、15、20、25 等牌号属于低碳钢，其塑性好，易于拉拔、冲压、挤压、锻造和焊接。其中，20 钢用途最广，常用来制造螺钉、螺母、垫圈、小轴及冲压件、焊接件。30、35、40、45、50、55 等牌号属于中碳钢，因钢中珠光体的含量增多，其强度和硬度较前提高，淬火后的硬度可显著增加。其中，以 45 钢最为典型，它不仅强度、硬度较高，且兼有较好的塑性和韧性，即综合性能优良。45 钢在机械结构中用途最广，常用来制造轴、丝杠、齿轮、连杆、套筒、键、重要螺钉和螺母等。60、65、70、75 等牌号属于高碳钢。它们经过淬火、回火后不仅强度、硬度提高，且弹性优良，常用来制造小弹簧、发条、钢丝绳、轧辊等。

在装配式钢结构中，30 ～ 45 号钢优质碳素结构钢主要用于重型结构的钢铸件及高强度螺栓，65 ～ 80 号钢主要用于预应力混凝土碳素钢丝、刻痕钢丝和钢绞线。

2. 建筑结构用钢板

《建筑结构用钢板》（GB/T 19879—2015）规定，高性能建筑结构钢材 GJ 钢牌号由代表屈服强度的汉语拼音字母（Q）、屈服强度数值、代表高性能建筑结构用钢的汉语拼音字母（GJ）、质量等级符号（B、C、D、E）四部分按顺序组成，如 Q345GJC、Q420GJD 等。对于厚度方向性能钢板，在质量等级后面加上厚度方向性能级别（Z15、Z25 或 Z35），如 Q345GJCZ25。

GJ 钢适用于建造高层建筑结构、大跨度结构及其他重要建筑结构（这正是钢结构与其他材料的建筑结构相比，最能体现优势的领域）。其与碳素结构钢、低合金高强度结构钢的主要差异如下：规定了屈强比和屈服强度的波动范围；规定了碳当量和焊接裂纹敏感性指数；降低了 P、S 含量，提高了冲击功值；降低了强度的厚度效应等。表 2-7 列举了常用的钢材规格和介绍。

微课：钢结构用钢的类型

二、钢材的规格

钢结构采用的型材有热轧成型的钢板和型钢及冷弯（或冷压）成型的薄壁型钢。热轧型钢有工字钢、H 型钢、T 型钢、角钢、槽钢和钢管。常用钢材的表示方法见表 2-8。

表 2-3 碳素结构钢力学性能 (GB/T 700—2006)

牌号	质量等级	屈服强度 R_{eH}/(N·mm⁻²), 不小于 厚度（直径）/mm						抗拉强度 R_m/(N·mm⁻²)	断后伸长率 A%, 不小于 厚度（直径）/mm					冲击试验 温度/℃	冲击吸收功（纵向）/J, 不小于
		≤16	>16~40	>40~60	>60~100	>100~150	>150~200		≤40	>40~60	>60~100	>100~150	>150~200		
Q235	A	235	225	215	215	195	185	370~500	26	25	24	22	21	—	—
	B													+20	27
	C													0	27
	D													-20	27

注：仅列入了钢结构常用的 Q235 的部分力学性能。

表 2-4 （热轧）低合金高强度结构钢力学与工艺性能 (GB/T 1591—2018)

牌号 钢级	质量等级	上屈服强度 R_{eH}/MPa, 不小于 公称厚度或直径/mm					抗拉强度 R_m/MPa 公称厚度或直径/mm	断后伸长率 A%, 不小于			
		≤16	>16~40	>40~63	>63~80	>80~100	≤100	试样方向	≤40	>40~63	>63~100
Q355	B、C、D	355	345	335	325	315	470~630	纵向	22	21	20
								横向	20	19	18
Q390	B、C、D	390	380	360	340	340	490~650	纵向	21	20	20
								横向	20	19	19
Q420	B、C	420	410	390	370	370	520~680	纵向	20	19	19
Q460	C	460	450	430	410	410	550~720	纵向	18	17	17

表 2-5 （正火、正火轧制）低合金高强度结构钢力学与工艺性能（GB/T 1591—2018）

牌号		上屈服强度 R_{eH}/MPa，不小于					抗拉强度 R_m/MPa	断后伸长率 A/%，不小于	
		公称厚度或直径/mm							
钢级	质量等级	≤16	>16~40	>40~63	>63~80	>80~100	≤100	≤63	>63~80
Q355N	B、C、D、E、F	355	345	335	325	315	470~630	22	21
Q390N	B、C、D、E	390	380	360	340	340	490~650	20	19
Q420N	B、C、D、E	420	400	390	370	360	520~680	19	18
Q460N	C、D、E	460	440	430	410	400	540~720	17	17

表 2-6 （热机械轧制）低合金高强度结构钢力学与工艺性能（GB/T 1591—2018）

牌号		上屈服强度 R_{eH}/MPa，不小于					抗拉强度 R_m/MPa			断后伸长率 A/%，不小于
		公称厚度或直径/mm								
钢级	质量等级	≤16	>16~40	>40~63	>63~80	>80~100	≤40	>40~63	>63~80	
Q355M	B、C、D、E、F	355	345	335	325	325	470~630	450~610	440~600	22
Q390M	B、C、D、E	390	380	360	340	340	490~650	480~640	470~630	20
Q420M	B、C、D、E	420	400	390	380	370	520~680	500~660	480~640	19
Q460M	C、D、E	460	440	430	410	400	540~720	530~710	510~690	17

◆ 学与思

❖ 思考题

二维码微课中介绍了哪些钢材规格？列举并写出它们的符号。

微课：钢材的规格和符号

表 2-7　钢材的规格表

钢材的规格	简介	图片
热轧钢板	建筑钢结构应用最多的是热轧钢板，其有厚钢板、薄钢板、扁钢的区分。厚钢板板厚为 4.5 ～ 60 mm，薄钢板厚度为 0.35 ～ 4 mm，扁钢板厚为 4 ～ 60 mm，且其宽度为 30 ～ 200 mm，比较窄。 　　钢板的表示方法是用在符号"—"后加"宽度 × 厚度 × 长度（单位为 mm）"，如—1 200×80×2100（含义为：宽度为 1 200 mm，厚度为 80 mm，长度为 2 100 mm 的钢板）。 　　钢板在钢结构中主要用作焊接型钢的原材，如厚钢板常用作大型梁、柱等实腹式构件的翼缘和腹板，以及节点板等；薄钢板主要用来制造冷弯薄壁型钢；扁钢可用作焊接组合梁、柱的翼缘板、各种连接板、加劲肋等	
热轧型钢—工字钢	普通工字钢的主要特征是翼缘窄，腹板薄，两个主平面内的截面特性（惯性矩、截面模量和回转半径）相差很大，一般应用中较难充分发挥钢材强度，正逐步被 H 型钢取代。 　　普通工字钢和轻型工字钢用号数来表示，号数即为其截面高度的厘米数。20 ～ 28 号工字钢分 a、b 两种，30 号以上分 a、b、c 三种，其中 a 类腹板最薄、翼缘最窄，b 类较厚较宽，c 类最厚最宽。如工32a、工32b、工32c，截面高均为 320 mm，翼缘宽依次为 130 mm、132 mm、134 mm，腹板厚依次为 9.5 mm、11.5 mm、13.5 mm。轻型工字钢的翼缘相比普通工字钢更薄，腹板也薄，其规格在工字前加注"Q"，如 Q工50，即为号数为 50 的轻型工字钢	视频：工字钢　视频：槽钢
热轧型钢—槽钢	截面为凹槽形，分普通槽钢和轻型槽钢，以号数（截面高厘米数）表达型号。如 [25 表达截面高 250 mm 的槽钢，Q [25 表达轻型槽钢，截面高同样为 250 mm。建筑钢结构中多用 [14 以下做屋面或墙面檩条，[30 以上可用于桥梁结构作受拉力的杆件，也可与其他型钢组合用作工业厂房的梁、柱等构件。槽钢翼缘内表面的斜度（1：10）比工字钢要平缓，紧固连接螺栓比较容易	
热轧型钢—H 型钢	H 型钢是目前使用很广泛的热轧型钢，与普通工字钢相比，其翼缘内外两侧平行，易于与其他构件相连，同时其规格众多，两个主平面内的截面特性比较接近，应用更广泛。H 型钢按翼缘宽窄分成宽翼缘 H 型钢（HW）、中翼缘 H 型钢（HM）、窄翼缘 H 型钢（HN）。H 型钢的标记用符号 HW 或 HM 或 HN 加"高度（mm）× 宽度（mm）"，如 HW300×300，表示宽翼缘 H 型钢，截面高度为 300 mm，翼缘宽度为 300 mm	
热轧型钢—T 型钢	T 型钢分为宽翼缘 T 型钢（TW）、中翼缘 T 型钢（TM）、窄翼缘 T 型钢（TN）三类。T 型钢系由对应的 H 型钢沿腹板中部对半剖分而成。剖分 T 型钢的规格标记采用与 H 型钢类同的表示方法，如 TN225×200 即表示截面高度为 225 mm，翼缘宽度为 200 mm 的窄翼缘剖分 T 型钢	

钢材的规格	简介	图片
热轧型钢—角钢	角钢有等边角钢和不等边角钢两大类。等边角钢（也等肢角钢），以 L 边宽 × 厚度表示，如 L100×10 为肢宽 100 mm、厚 10 mm 的等边角钢；不等边角钢（也称不等肢角钢）则以 L 长边宽 × 短边宽 × 厚度表示，如 L100×80×8	
热轧型钢—钢管	钢管可分为无缝钢管（圆坯）和焊接钢管（板带坯）两大类。钢结构中常用热轧无缝钢管和焊接钢管。规格以 ϕ 外径 × 壁厚（mm）表示，如 ϕ102×5。钢管截面对称且面积分布合理，各方向的惯性矩和回转半径相同且较大，故受力性能尤其是轴心受压时较好，同时，其曲线外形使其对风、浪的阻力较小，但价格较高且连接构造常较复杂	
薄壁型钢	薄壁型钢是用厚度 1.5～5 mm 薄钢板，经模压或弯曲制成，有等边角钢、卷边等边角钢、Z 型钢、卷边 Z 型钢、槽钢、卷边槽钢等开口截面及方形和矩形闭口截面。因壁厚较薄，对锈蚀影响较为敏感，一般需要做防锈处理。 　　冷弯薄壁型钢的规格用字母 "B"＋形状符号＋长边宽（或高度）× 短边宽（或宽度）× 卷边宽度 × 厚度表示。如薄壁方钢管 B □ 60×2，表示薄壁型钢为方形钢管，边长为 60 mm，壁厚为 2 mm	 薄壁卷边槽钢 薄壁卷边Z型钢 薄壁方管

表 2-8 常用型钢的标注方法

序号	名称	截面	标注	说明
1	等边角钢	∟	∟$b×t$	b 为肢宽、t 为肢厚
2	不等边角钢	 ∟	∟$B×b×t$	B 为长肢宽，b 为短肢宽，t 为肢厚
3	工字钢	 I	IN Q IN	轻型工字钢加注"Q" N 为工字钢型号
4	热轧槽钢	[	[N Q [N	轻型槽钢加注"Q" N 为槽钢型号
5	方钢	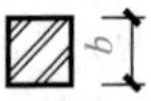 ▨b	□b	
6	扁钢	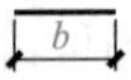 ▭b	$-b×t$	
7	钢板	 —	$\dfrac{-b×t}{l}$	
8	圆钢	⊘	$Φd$	
9	钢管	○	$DN××$ $d×t$	内径 外径 × 壁厚
10	薄壁方钢管	□	B□$b×t$	薄壁型钢加注"B" b 为肢宽、t 为壁厚
11	薄壁等边角钢	∟	B∟$b×t$	
12	薄壁等边卷边角钢	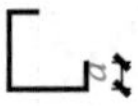 ∟	B∟$b×a×t$	薄壁型钢加注"B" b 为肢宽 t 为壁厚
13	薄壁槽钢	 [h	B[$h×b×t$	
14	薄壁卷边槽钢	 [a	B[$h×b×a×t$	
15	薄壁卷边 Z 型钢	 h a	B $h×b×a×t$	
16	薄壁斜卷边 Z 型钢	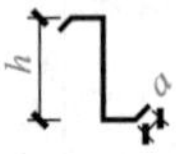 h a	B $h×b×a×t$	
17	T 型钢	 ⊤	$TW××$ $TM××$ $TN××$	TW 为热轧宽翼缘 T 型钢 TM 为热轧中翼缘 T 型钢 TN 为热轧窄翼缘 T 型钢
18	H 型钢	H	$HW××$ $HM××$ $HN××$	HW 为热轧宽翼缘 H 型钢 HM 为热轧中翼缘 H 型钢 HN 为热轧窄翼缘 H 型钢
19	起重机钢轨	 �⊥	$Qu××$	规格型号见产品说明

任务三　钢材的选用

一、钢材的选用原则

钢材选用的总体原则是保证结构安全可靠，同时要经济合理，节约钢材。

钢材的选择是钢结构设计中重要的一环，一律采用强度和质量等级高的钢材是不合理的，强度等级高或质量等级高的钢材及镇静钢，其价格也高。因此，钢材的选用应结合需要全面考虑，合理选择。其选用原则主要有以下几种。

1. 结构的重要性

对重型工业建筑结构、大跨度结构、高层或超高层的民用建筑结构或构筑物等重要结构，应考虑选用质量好的钢材；对一般工业与民用建筑结构，可按工作性质分别选用普通质量的钢材。

另外，根据规范规定的建筑结构的安全等级，可将建筑物分为一级（重要的）、二级（一般的）和三级（次要的）。安全等级不同，要求的钢材质量也应不同。

2. 荷载特征

荷载可分为静力荷载和动力荷载两种，且直接承受动力荷载的构件如吊车梁还有经常满载（重级工作制）和不经常满载（中、轻级工作制）的区别，因此，直接承受动态荷载的结构和强烈地震区的结构，应选用综合性能好的钢材；一般承受静态荷载的结构则可选用价格较低的 Q355 钢。

3. 连接方法

钢结构的连接方法有焊接和非焊接之分。焊接结构由于焊接过程的不均匀加热和冷却，对钢材产生不利影响，因此，应选择碳、硫、磷含量较低，塑性和韧性指标较高，可焊性较好的钢材。

4. 结构所处的温度和环境

钢材处于低温状态时容易冷脆，因此在低温条件下工作的结构，尤其是焊接结构，应选用具有良好抗低温脆断性能的镇静钢。另外，露天结构的钢材容易产生时效，有害介质作用的钢材容易腐蚀、疲劳和断裂，也应加以区别地选择不同材质。

5. 钢材厚度

薄钢材辊轧次数多，轧制的压缩比大；厚度大的钢材压缩比小。所以，厚度大的钢材不但强度较小，而且塑性、冲击韧性和焊接性能也较差。因此，厚度大的焊接结构应采用材质较好的钢材。

二、钢材的选择

根据上述原则，结构钢材的选用应遵循技术可靠、经济合理的原则，综合考虑结构的重要性、荷载特征、结构形式、应力状态、连接方法、工作环境、钢材厚度和价格等因素，选用合适的钢材牌号和材性保证项目。《钢结构设计标准》（GB 50017—2017）有以下规定（图 2-15）。

（1）钢材质量等级的选用应符合下列规定。

1）A 级钢仅可用于结构工作温度高于 0 ℃的不需要验算疲劳的结构，且 Q235A 钢不宜用于焊接结构。

2）对需要验算疲劳的焊接结构，当结构工作温度高于 0 ℃时其质量等级不应低于 B 级；当结构工作温度不高于 0 ℃但高于 -20 ℃时，Q235 钢、Q345 钢的质量等级不应低于 C 级，Q390 钢、Q420 钢、Q460 钢的质量等级不应低于 D 级；当结构工作温度不高于 -20 ℃时，Q235 钢、Q345 钢的质量等级不应低于 D 级，Q390 钢、Q420 钢及 Q460 钢其质量等级应选用 E 级。

3）需验算疲劳的非焊接结构，其钢材质量等级要求可较上述焊接结构降低一级但不应低于 B 级。起重机起重量不小于 50 t 的中级工作制吊车梁，其钢材质量等级要求与需验算疲劳的构件相同。

（2）工作温度不高于 -20 ℃的受拉构件及承重构件的受拉板材应符合下列规定。

1）所用钢材的厚度或直径不宜大于 40 mm，质量等级不宜低于 C 级。

2）当钢材厚度和直径不小于 40 mm 时，其质量等级不宜低于 D 级。

3）重要承重结构的受拉板材宜满足现行国家标准《建筑结构用钢板》（GB/T 19879—2015）的要求。

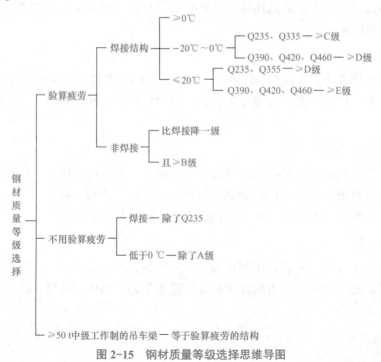

图 2-15　钢材质量等级选择思维导图

任务四 钢材的防腐和防火

一、钢结构防腐

1. 钢结构腐蚀特点

大气环境下的钢结构受阳光、风沙、雨雪、霜露及一年四季的温度和湿度变化作用，其中大气中的氧和水分是造成户外钢结构腐蚀的重要因素，引起钢结构腐蚀的工业气体含有 SO_2、CO_2、NO_2、Cl_2、H_2S 及 NH_3 等，这些成分虽然含量很少，但对钢铁的腐蚀危害都是不可忽视的，其中 SO_2 影响最大，Cl_2 可使金属表面钝化膜遭到破坏。这些气体溶于水中呈酸性，形成酸雨，腐蚀金属设施。

海洋大气的特点是含有大量的盐，主要是 NaCl，盐颗粒沉降在金属表面上，它具有吸潮性及增大表面液膜的导电作用，同时 Cl 本身又具有很强的侵蚀性，因而加重了金属表面的腐蚀。钢结构离海岸越近腐蚀也越严重，其腐蚀速度比内陆大气中高出许多倍。

2. 钢结构腐蚀类型和机理

钢结构腐蚀是一个电化学腐蚀过程，钢结构工程的腐蚀与结构类型、环境特征和防护措施有很大关系。腐蚀类型归纳起来主要有大气腐蚀、局部腐蚀和应力腐蚀三种类型。

（1）大气腐蚀。钢结构在常温大气环境下使用，钢材受大气中水分、氧和其他污染物的作用而被腐蚀，是一种常见的腐蚀现象。常温下，钢材的临界湿度为 60% ~ 70%，一般在金属表面形成肉眼看不见的液膜，引起腐蚀。在高温（100 ℃）条件下，腐蚀机理与常温完全不同，这时水以气态存在，金属和腐蚀性干燥气体相接触，表面形成相应的化合物（氧化物、硫化物、氯化物等），形成对钢结构的化学腐蚀。这种腐蚀情况尤其以工业厂房严重。

（2）局部腐蚀。局部腐蚀是钢结构最常见的破坏形态，当钢结构的不同结构件之间、钢构件与非金属的表面间存在缝隙，并有腐蚀介质存在的时候，就会发生局部腐蚀，如图 2-16 所示。钢结构最常见的缝隙腐蚀形式有铆接、衬垫和颗粒沉积等，它的发生会导致钢结构整体强度降低。

（3）应力腐蚀。在不同使用状态下，钢结构承受拉伸、压缩、弯曲和扭转等各种应力作用，同时，又受到腐蚀介质的作用，即不受到应力作用时

图 2-16 钢结构局部腐蚀

腐蚀甚微，但是受到拉伸应力后，经过一段时间构件会发生突然断裂。这种应力腐蚀断裂事先没有明显的征兆，所以往往造成灾难性后果，如桥梁坍塌、管道泄漏、建筑物倒塌等，带来巨大的经济损失和人员伤亡。

3. 钢结构防腐措施

针对钢结构腐蚀的类型和机理，腐蚀保护的措施主要包括三个方面：提高基材的耐腐蚀性能；使用有机、无机涂层和金属镀层；外加电流。

（1）耐候钢。耐候钢最早开发于 20 世纪初，最初发现的是铜（0.008% ～ 0.49%）和磷（0.01% ～ 0.12%）对钢的耐腐蚀性的显著效果。高耐候结构钢耐腐蚀性要优于焊接结构钢，按其化学成分可分为铜磷钢和铜磷铬镍钢。焊接结构用耐候钢以保持钢材具有良好的焊接性能为特点，其适用厚度可达 100 mm。在工程实践中，耐候钢不涂装就可以使用，是极好的结构用材，并且可以将钢结构（如桥梁）寿命期内的总费用降到最低。

（2）热浸镀锌技术。热镀锌的机理是在钢结构件表面形成一层致密的锌镀层，使得金属锌与基体具有良好的附着强度。将表面净化处理后的钢构件，浸入 460 ℃～ 469 ℃融化的锌液中，使钢构件表面附着锌层。这种方式具有耐腐蚀好，使用寿命长，且基本不用维护等优点。

（3）有机涂层钢板技术。有机涂层钢板（即彩涂板）具有轻质、美观、良好的耐腐蚀性能和物理屏障性能、良好的弯压等优点，因而广泛应用，市场前景十分广阔。

（4）防腐涂料技术。防腐涂料技术是目前通用的、最经济的方法。其具有成本低、工艺简单、场地要求不严等优点，但效果不如长效防腐蚀技术，且用于户外时维护成本偏高。防腐涂料技术成功的关键是除锈和涂料的选择。优质的涂层依赖于彻底的表面预处理，否则涂层的有效期将会相差较大，现在钢结构工程一般是采用喷砂或喷丸除锈。防腐涂装应根据实际情况确定施工工序。施工过程主要包括钢材表面处理、除锈方法的选择和除锈质量等级的确定、涂料品种的选择、涂层结构和涂层厚度的设计等。

（5）热喷涂防腐技术。热喷涂是在对钢构件表面做喷砂除锈，使其表面露出金属光泽，并在打毛的基础上，采用燃烧火焰、电弧等作为热源，将喷涂材料加热到塑态和熔融状态，并用压缩空气将材料呈雾化的颗粒束吹到基体表面上，随之激冷并不断层积而形成涂层的工艺方法。热喷涂防腐技术是一种非常有效的防腐措施，这种防腐措施在我国水工建筑和铁路工程得到广泛的推广与应用。如长江三峡大桥枢纽工程中的下牢溪大桥和黄柏河大桥，都采用了热喷涂长效防腐蚀技术，到目前为止使用效果良好。

二、钢结构防火

为提高钢结构的耐火性能，人们采用在其外围浇筑混凝土、包裹不燃材料等方法提高其耐火极限，而钢结构防火涂料由于其防火隔热性能好、施工不受结构几何形体限制、易于施工等优点，得到了广泛的应用。北京奥体中心、首都机场航站楼、上海东方明珠电视塔、广州新白云机场等大型建筑都采用了涂刷钢结构防火涂料来提高建筑物耐火极限的做法。

钢结构防火涂料按基料的不同可分为有机类和无机类两大类；按使用场地的不同可分为室外型和室内型两大类；按其涂层的厚度和性能特点可分为厚型钢结构防火涂料（H 类）、薄涂型钢结构防火涂料（B 类）、超薄型钢结构防火涂料（CB 类）。其涂层厚度与耐火极限要求见表 2-9。

表 2-9　防火涂料涂层厚度与耐火极限要求

类型	厚型	薄型	超薄型
涂层厚度 /mm	> 7, ≤ 45	> 3, ≤ 7	≤ 3
耐火极限 /h	≥ 2.0	1.0 ~ 2.0	1.0 ~ 2.0

按防火机理分类，钢结构防火涂料可分为膨胀型钢结构防火涂料和非膨胀型钢结构防火涂料。膨胀型钢结构防火涂料：涂层在高温时膨胀发泡，形成耐火隔热保护层的钢结构防火涂料。非膨胀型钢结构防火涂料：涂层在高温时不膨胀发泡，其自身成为耐火隔热保护层的钢结构防火涂料。

1. 超薄型钢结构防火涂料（膨胀型钢结构防火涂料）

超薄型钢结构防火涂料是指涂层厚度在 3 mm（含 3 mm）以内，装饰效果较好，高温时能膨胀发泡，耐火极限一般在 2 h 以内的钢结构防火涂料。该类钢结构防火涂料一般为溶剂型体系，具有黏结强度优越、耐候耐水性好、流平性好、装饰性好等特点；在受火时缓慢膨胀发泡形成致密坚硬的防火隔热层，该防火隔热层具有很强的耐火冲击性，延缓了钢材的温升，有效保护钢构件。超薄型钢结构防火涂料施工可采用喷涂、刷涂或辊涂，一般使用在耐火极限要求在 2 h 以内的建筑钢结构上。已出现了耐火性能达到或超过 2 h 的超薄型钢结构防火涂料新品种，它主要是以特殊结构的聚甲基丙烯酸酯或环氧树脂与氨基树脂、氯化石蜡等复配作为基料胶粘剂，附以高聚合度聚磷酸铵、双季戊四醇、三聚氰胺等为防火阻燃体系，添加钛白粉、硅灰石等无机耐火材料，以 200 号溶剂油为溶剂复合而成。各种轻钢结构、网架等多采用该类钢结构防火涂料进行防火保护。由于该类钢结构防火涂料涂层超薄，所以其使用量较厚型、薄型钢结构防火涂料大大减少，从而降低了工程总费用，又使钢结构得到了有效的防火保护，防火效果很好，如图 2-17 所示。

图 2-17　超薄型钢结构防火涂料

2. 薄型钢结构防火涂料（膨胀型钢结构防火涂料）

薄型钢结构防火涂料是指 3 mm ＜涂层厚度≤ 7 mm，有一定装饰效果，高温时膨胀增厚，耐火极限在 2 h 以内的钢结构防火涂料。这类钢结构防火涂料一般是用合适的水性聚合物作基料，再配以阻燃剂复合体系、防火添加剂、耐火纤维等组成，其防火原理同超薄型钢结构防火涂料。对这类钢结构防火涂料，要求选用的水性聚合物必须对钢基材有良好的附着力、耐久性和耐水性。其装饰性优于厚型钢结构防火涂料，逊色于超薄型钢结构防火涂料，一般耐火极限在 2 h 以内。因此，其常用在耐火极限小于 2 h 的钢结构防火保护工程中，常采用喷涂施工。薄型钢结构防火涂料在一个时期占有很大的比例，但随着超薄型钢结构防火涂料的出现，其市场份额逐渐被替代。

3. 厚型钢结构防火涂料（非膨胀型钢结构防火涂料）

厚型钢结构防火涂料是指 7 mm ＜涂层厚度≤ 45 mm，呈粒状面，密度较小，热导率低，耐火极限在 2 h 以上的钢结构防火涂料。由于厚型钢结构防火涂料的成分多为无机材料，所以其防火性能稳定，长期使用效果较好，但其涂料组分的颗粒较大，涂层外观不平整，影响建筑的整体美观，因此大多用于结构隐蔽工程。该类钢结构防火涂料在火灾中利用材料粒状表面、较小的密度、较低的热导率或涂层中材料的吸热性，延缓了钢材的温升，保护钢材。这类钢结构防火涂料是用合适的无机胶结料（如水玻璃、硅溶胶、磷酸铝盐、耐火水泥等），再配以无机轻质绝热骨料材料（如膨胀珍珠岩、膨胀蛭石、海泡石、漂珠、粉煤灰等）、防火添加剂、化学药剂和增强材料（如硅酸铝纤维、岩棉、陶瓷纤维、玻璃纤维等）及填料等混合配制而成，具有成本较低的优点，在施工中常采用喷涂方式，适用于耐火极限要求在 2 h 以上的室内外隐蔽钢结构、高层全钢结构及多层厂房钢结构。如高层民用建筑的柱、一般工业与民用建筑中支承多层的柱的耐火极限均应达到 3 h，需采用该厚型钢结构防火涂料保护。

4. 矿物棉类建筑防火隔热涂料

矿物棉类建筑防火隔热涂料是继厚涂型建筑防火涂料、珍珠岩系列防火涂料、氯氧镁水泥系列防火涂料之后的又一重要防火涂料系列，它与珍珠岩系列防火涂料相比，其主要特点是作为隔热填料的矿物纤维对涂层强度可起到增强作用，可应用于地震多发的地区或常受震动的建筑物，并能起到防火、隔热、吸声的作用。矿物棉类建筑防火隔热涂料主要有矿物纤维防火隔热涂料、隔热填料，其主要成分是矿物棉，黏结材料一般是水泥，在现场采用干法喷涂施工，即纤维经分散后与黏结材料一起用高压空气输送至喷口处，然后与分布于喷口周围的高雾化水混合喷射至待涂表面。这样能够获得密度较小的涂层，从而能减小整个建筑物的质量，降低建筑物负荷。国外已广泛使用快干型矿物棉类建筑防火隔热涂料，在施工条件差的建筑工地使用时，具有施工方便、成本低、干燥时间短等优点。

图 2-18 所示为利用导图对钢材的防腐和防火知识点进行的总结。

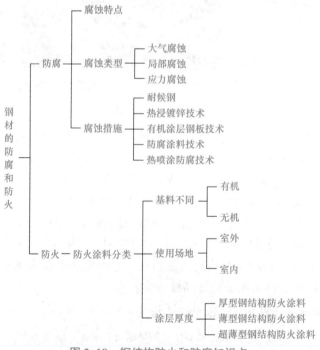

图 2-18　钢结构防火和防腐知识点

微课：钢柱的涂装防护

项目总结

　　本项目主要讲述了钢结构工程基本知识，包括钢材的主要性能和要求、钢结构用钢材的品种和规格、钢材的选用、钢材的防腐和防火。

　　本项目的学习旨在为后续的钢结构施工图识读和施工提供基本的、共性的知识。重点是钢结构材料的主要性能和要求。

延伸阅读　装配式钢结构助力冬奥会

　　装配式钢结构相对于钢筋混凝土结构，免去了传统施工中现场大量浇筑混凝土的环节，实现了钢结构、围护系统、设备与管线系统和内装系统的和谐统一，既可以节约三分之一的工期，又能大大减少资源浪费。装配式钢结构在我国的应用越来越广泛。其中，北京延庆冬奥村住宅楼地上二层以上全部采用钢结构，外配玻璃幕墙。

　　一方面，装配式钢结构有利于绿色可持续利用，减少建筑垃圾污染；另一方面，在冬奥会、冬残奥会期间及赛后，居住在冬奥村的不同人群对建筑使用的需求不同，装配式钢结构可以使空间布局灵活，同时方便拆除改造。整个冬奥村采用光热太阳能，并将《冰嬉图》运用到园林景观设计中，作为建筑中的文化符号。

　　在冬奥村工程中，地下钢结构采用钢管混凝土柱钢框架－钢板墙结构体系；地上钢结构形式均为钢框架－防屈曲钢板剪力墙结构体系。与普通建筑的混凝土施工不同，钢结构可以进行二次分隔，这种建筑结构能够使室内空间灵活多变，大大减少了冬奥会到冬残奥会，以及赛时、赛后两次功能转化时的拆改工作。图2-19所示为冬奥村工程的主体钢框架结构。

　　北京冬奥村采用装配式钢结构施工，其中，装配式钢结构防屈曲钢板剪力墙，采用钢板与混凝土相结合的组合式墙柱体系，所有结构构件均在专业工厂制作完成，精度高、质量有保证，避免了以往现场混凝土搅拌所带来的环境污染；施工过程无须支模，多个作业面同时展开施工，互不干扰，大大加快了施工进度。在使用功能方面，空间优势明显，住宅平面规整、户内柱少、便于装修，从而为户型转换创造了便利条件。在经济性方面，该体系造价优势明显，与传统混凝土结构相比，结构自重减轻 30% 以上，基础造价可节约 15% ～ 25%。另外，装配式钢结构本身具有较好的延性，在抗震设防烈度较高的地区，可显著降低地震的危险程度，经济效益尤为突出。正因如此，这一体系得到了社会各界尤其是建筑科技领域专家的高度认可和充分肯定，并由项目团队总结提炼出了一套较为完善的科技成果。目前，我国的装配式－防屈曲钢板剪力墙设计与施工技术已达到国际先进水平。

图 2-19　冬奥村工程的主体钢框架结构

◆ 心得体会

　　你还知道冬奥村建设中采用了哪些新技术、新结构、新工艺？分享给大家。

项目训练

项目训练　钢结构基本知识			
班级	姓名	学号	日期

一、单项选择题

1. 在构件发生断裂破坏前，有明显先兆的情况是（　　）的典型特征。

　　A. 脆性破坏　　　　　B. 塑性破坏　　　　C. 强度破坏　　　　　D. 失稳破坏

2．钢材塑性破坏的特点是（　　　　）。

    A．变形小　　　　　　　　　　　　B．破坏经历时间非常短

    C．无变形　　　　　　　　　　　　D．变形大

3．钢材的三项主要力学性能为（　　　　）。

    A．抗拉强度、屈服强度、伸长率　　　B．抗拉强度、屈服强度、冷弯性能

    C．抗拉强度、伸长率、冷弯性能　　　D．伸长率、屈服强度、冷弯性能

4．钢材的标准应力–应变曲线是通过（　　　　）得到的。

    A．冷弯试验　　　　　　　　　　　B．单向拉伸试验

    C．冲击韧性试验　　　　　　　　　D．疲劳试验

5．钢材的弹性模量 E 可以通过（　　　　）来获得。

    A．单向一次拉伸试验　　　　　　　B．冷弯180°试验

    C．冲击韧性试验　　　　　　　　　D．疲劳试验

6．钢材的伸长率可以通过（　　　　）试验来获得。

    A．冷弯180°试验　　　　　　　　B．单向一次拉伸试验

    C．疲劳试验　　　　　　　　　　　D．冲击试验

7．在低温工作的钢结构选择钢材时，除考虑强度、塑性、冷弯性能指标外，还需要考虑的指标是（　　　　）。

    A．低温屈服强度　　　　　　　　　B．低温抗拉强度

    C．低温冲击韧性　　　　　　　　　D．疲劳强度

8．钢材的冲击韧性AKV值代表钢材的（　　　　）。

    A．韧性性能　　　　　　　　　　　B．强度性能

    C．塑性性能　　　　　　　　　　　D．冷加工性能

9．当温度从常温下降到低温时，钢材的塑性和冲击韧性（　　　　）。

    A．升高　　　　　B．下降　　　　　C．不变　　　　　D．升高不多

10．钢号Q355A中的355表示钢材的（　　　　）。

    A．f_p值　　　　　B．f_u值　　　　　C．f_y值　　　　　D．f_v值

11．不适合用于主要焊接承重结构的钢材为（　　　　）。

    A．Q235A　　　　B．Q345E　　　　C．Q345C　　　　D．Q235D

12．钢材所含化学成分中，需严格控制含量的有害元素为（　　　　）。

    A．碳、锰　　　　B．钒、锰　　　　C．硫、氮、氧　　　　D．铁、硅

13．钢材中碳的含量应适中，其含量过高会（　　　　）。

    A．降低钢材的强度　　　　　　　　B．提高钢材的伸长率

    C．降低钢材的可焊性　　　　　　　D．提高钢材的冲击韧性

14．下列（　　　　）元素的含量过高，可引起钢材的"热脆"现象。

    A．硅　　　　　　B．磷　　　　　　C．锰　　　　　　D．硫

15．钢材中磷和氮的含量超过限量时，会使钢材（　　　　）。

    A．变软　　　　　B．热脆　　　　　C．冷脆　　　　　D．变硬

16．下列（　　　　）元素含量的提高会增加钢材的强度和抗锈蚀能力，但会严重地降

低钢材的塑性、韧性和可焊性，特别是在温度较低时会促使钢材发生冷脆现象。

    A．硫   B．磷   C．硅   D．锰

17．在低温状态下工作（−20 ℃）的钢结构，在选择钢材时除考虑强度、塑性、冷弯性能指标外，还需要考虑的指标是（　　　　）。

    A．低温屈服强度   B．低温抗拉强度

    C．低温冲击韧性   D．疲劳强度

二、填空题

1．碳对钢材性能的影响很大，一般来说随着含碳量的提高，钢材的塑性和韧性逐渐_____。

2．当温度达到 600 ℃时，强度几乎降为零，完全失去了承载力，这说明钢材的_____性能差。

3．当温度降低到某一特定区段时，钢材的_____将急剧下降，表现出明显的脆性倾向。

4．建筑钢材中严格控制硫的含量，这是因为含硫量过大，在焊接时会引起钢材的_____。

5．钢材牌号 Q235BF 中的 235 表示材料的_____为 235 N/mm^2。

三、简答题

1．为什么能把钢材简化为理想的弹性材料？

2．指出钢材牌号 Q235BF 的含义。

3．钢材选用应考虑哪些综合因素？

4．影响钢材性能的主要因素有哪些？

5．钢材产生脆性破坏的特征和原因是什么？如何防止钢材发生脆性破坏？

项目三　装配式钢结构施工图基本知识

项目描述

本项目主要学习装配式钢结构施工图的基本知识。按照国家建筑标准《建筑结构制图标准》（GB/T 50105—2010）及《房屋建筑制图统一标准》（GB/T 50001—2017）中有关钢结构施工图的制图、识图基础知识，以图集规范为依据，学习制图标准中的基本规定，了解图纸幅面规格，掌握图线、定位轴线、字体及计量单位的绘制要求，掌握比例、符号和尺寸标注的具体规定，学习螺栓连接、焊接连接的基本知识。

项目内容

建筑制图标准及相关规定：图纸幅面规格，图线，定位轴线，字体及计量单位，比例，符号，尺寸标注；螺栓连接的基本知识；焊缝连接的基本知识：对接焊缝，角焊缝。

由中建科工集团有限公司、中建钢构工程有限公司、中建钢构江苏有限公司共同主编的中国钢结构协会团体标准《钢结构深化设计制图标准》（T/CSCS015-2021）通过中国钢结构协会的批准正式发布，该标准于2021年12月1日起正式实施。

标准共分为六章：总则、术语和符号、基本规定、制图标准、钢结构深化设计图纸表达、施工详图设计图纸表达，全面细致地规定了钢结构深化设计制图标准，适用于工业与民用建筑及一般构筑物钢结构工程的深化设计制图。

该标准作为钢结构深化设计行业首项制图标准，填补了行业相关规范上的空白，统一了钢结构深化设计的制图深度、制图内容和表示方法，为工程设计、深化设计、施工、建设等单位及工程技术人员提供标准参考，有助于提升钢结构深化设计的图面质量和制图效率，促进制作加工和施工质量的提高。对钢结构行业标准化发展具有长足意义。

★同学们，你还知道哪些钢结构制图标准吗？请你说一说。

任务一　建筑制图标准及相关规定

钢结构制图应符合《建筑结构制图标准》（GB/T 50105—2010）及《房屋建筑制图统一标准》（GB/T 50001—2017）的有关规定，主要内容如图3-1所示。

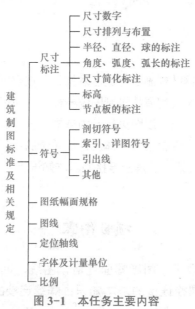

图3-1　本任务主要内容

一、图纸幅面规格

图纸幅面及图框尺寸应符合表 3-1 的规定。

表 3-1　图纸幅面及图框尺寸

尺寸代号 ＼ 幅面代号	A0	A1	A2	A3	A4
$b \times l$	841×1 189	594×841	420×594	297×420	210×297
c	10			5	
a	25				

图纸以短边作为垂直边称为横式，以短边作为水平边称为立式。一个工程设计中，每个专业所使用的图纸，一般小于等于两种幅面（不含目录及表格的 A4 幅面）。

二、图线

图线的线型规定见表 3-2。钢结构中的图样可根据复杂程度与比例大小，先选定基本线宽 b，基本线宽 b 有 1.0 mm、0.7 mm、0.5 mm、0.35 mm。

表 3-2　图线

名称		线型	线宽	用途
实线	粗	——	b	螺栓、钢筋线、结构平面图中的单线结构构件线、钢木支撑及系杆线、图名下的横线、剖切线
	中粗	——	$0.7b$	结构平面图及详图中剖到或可见的墙身轮廓线、基础轮廓线、钢结构和木结构轮廓线、钢筋线
	中	——	$0.5b$	结构平面图、详图中杆件（断面）轮廓线
	细	——	$0.25b$	尺寸线、标注引出线、标高符号、索引符号
虚线	粗	--------	b	结构平面中的不可见的单线构件线
	中	--------	$0.5b$	结构平面中的不可见的构件，墙身轮廓线及钢结构轮廓线
	细	--------	$0.25b$	局部放大范围边界线，以及预留预埋不可见的构件轮廓线
单点长划线	粗	—·—·—	b	平面图中的格构式的梁，如垂直支撑、柱撑、桁架式吊车梁等

三、比例

（1）图样的比例，应为图形与实物相对应的线性尺寸之比。

（2）比例的符号应为"："，比例应以阿拉伯数字表示。

（3）比例宜注写在图名的右侧，字的基准线应取平；比例的字高宜比图名的字高小一号或二号，如图 3-2 所示。

平面图 1：00　 1：20

图 3-2　比例

（4）钢结构设计在绘图前必须按比例放样，根据图样的用途、被绘物体的复杂程度，选择适当的比例放样。优先采用表3-3中的常用比例。

表3-3　绘图所用的比例

常用比例	1：1、1：2、1：5、1：10、1：20、1：30、1：50、1：100、1：150、1：200、1：500、1：1 000、1：2 000

（5）当采用计算机放样时，因它具有捕捉功能，可不受比例大小的限制。

四、符号

（一）剖视的剖切符号

（1）剖视的剖切符号应由剖切位置线及投射方向线组成，均应以粗实线绘制。剖切位置线的长度宜为6～10 mm；投射方向线应垂直于剖切位置线，长度应短于剖切位置线，宜为4～6 mm（图3-3）。绘制时，剖视的剖切符号不应与其他图线接触。

（2）剖视剖切符号的编号采用阿拉伯数字或大写英文字母，由左至右、由下至上连续编排，并标注在剖视方向线的端部。

（3）需要转折的剖切位置线，应在转角的外侧加注与该符号相同的编号。

（4）断面的剖切符号应符合下列规定：断面的剖切符号应只用剖切位置线表示，并应以粗实线绘制，长度宜为6～10 mm。断面的剖切符号应编写所在的剖视方向的一侧，如图3-4所示。

（5）剖面图或断面图，如与被剖切图样不在同一张图内，可在剖切位置线的另一侧注明其所在图纸的编号，也可以在图上集中说明。

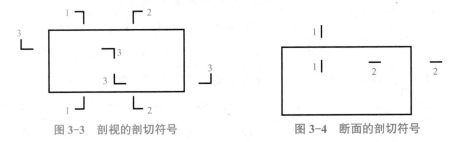

图3-3　剖视的剖切符号　　　　　　图3-4　断面的剖切符号

（二）索引符号与详图符号

（1）图样中的某一局部或构件，如需另见详图，应以索引符号索引［图3-5（a）］。索引符号是由直径为10 mm的圆和水平直径组成，圆及水平直径均应以细实线绘制。

索引符号应按下列规定编写：

1）索引出的详图，如与被索引的详图同在一张图纸内，应在索引符号的上半圆中用阿拉伯数字注明该详图的编号，并在下半圆中间画一段水平细实线［图3-5（b）］。

2）若详图不在同一张图纸内，应在索引符号的上半圆中用阿拉伯数字注明该详图的编号，在索引符号的下半圆中用阿拉伯数字注明该详图所在图纸的编号［图3-5（c）］。数字较多时，可加文字注明。

　　3）索引出的详图，如采用标准图，应在索引符号水平直径的延长线上加注该标准图册的编号［图3-5（d）］。

图3-5　索引符号

　　（2）索引符号如用于索引剖视详图，应在被剖切的部位绘制剖切位置线，并以引出线引出索引符号，引出线所在的一侧应为投射方向（图3-6）。

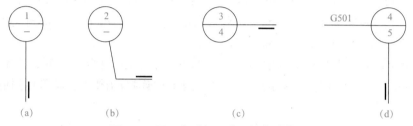

图3-6　用于索引剖面详图的索引符号

　　（3）零件的编号以直径为 4～6 mm（同一图样应保持一致）的细实线圆表示，其编号应为从上到下，从左到右，先型钢，后钢板，用阿拉伯数字按顺序编写（图3-7）。

图3-7　零件的编号

　　（4）详图的位置和编号，应以详图符号表示。详图符号的圆应以直径为 14 mm 粗实线绘制，详图应按下列规定编号：

　　1）详图与被索引的图样同在一张图纸内时，应在详图符号内注明详图的编号（图3-8）。

　　2）详图与被索引的图样不在一张图纸内时，应在上半圆中注明详图编号，在下半圆中注明被索引的图样的编号（图3-9）。

图3-8　与被索引的图样同在一张图纸内的详图符号　　图3-9　与被索引的图样不在一张图纸内的详图符号

（三）引出线

　　（1）引出线应以细实线绘制，宜采用水平方向的直线，与水平方向成30°、45°、60°、90° 的直线，或经上述角度再折为水平线。文字说明宜注写在水平线的上方［图3-10（a）］，也可注写在水平线的端部［图3-10（b）］。索引详图的引出线，与水平直径线相连接［图3-10（c）］。

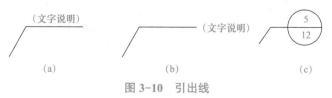

图3-10　引出线

（2）同时引出几个相同部分的引出线，宜互相平行［图 3-11（a）］，也可画成集中于点的放射线［图 3-11（b）］。

图 3-11　共同引出线

（四）其他符号

（1）对称符号由对称线和两端的两对平行线组成。对称线用细点划线绘制；平行线用细实线绘制，其长度宜为 6 ～ 10 mm，每对的间距宜为 2 ～ 3 mm；对称线垂直平分于两对平行线，两端宜超出平行线 2 ～ 3 mm（图 3-12）。

（2）连接符号应以折断线表示需连接的部位。两部位相距过远时，折断线两端靠图样一侧应标注大写拉丁字母表示连接编号。两个被连接的图样必须用相同的字母编写（图 3-13）。

图 3-12　对称符号　　　　图 3-13　连接符号

五、尺寸标注

（一）尺寸数字

（1）图样上的尺寸，应以尺寸数字为准，不得从图上直接按比例量取。

（2）图样上的尺寸单位必须以毫米为单位。

（3）尺寸数字的方向应按图 3-14（a）的规定注写。若尺寸数字在 30° 斜线区内，宜按图 3-14（b）的形式注写。

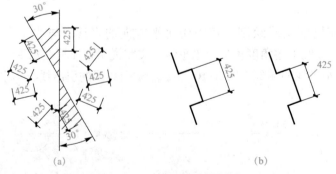

图 3-14　尺寸数字的注写方向

（4）尺寸数字一般应依据其方向注写在靠近尺寸线的上方中部。如没有足够的注写位置，最外边的尺寸数字可注写在尺寸界线的外侧，中间相邻的尺寸数字可错开注写（图3-15）。

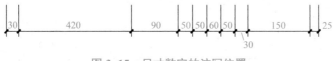

图3-15　尺寸数字的注写位置

（二）尺寸的排列与布置

（1）尺寸宜标注在图样轮廓以外，不宜与图线、文字及符号等相交。

（2）互相平行的尺寸线，应从被注写的图样轮廓线由近向远整齐排列，较小尺寸应离轮廓线较近，较大尺寸应离轮廓线较远。

（3）图样轮廓线以外的尺寸界线，距图样最外轮廓的距离不宜小于10 mm，平行排列的尺寸线间距宜为7～10 mm，并应保持一致。

（4）总尺寸的尺寸界线应靠近所指部位，中间的分尺寸的尺寸界线可稍短，但其长度应相等。

（三）半径、直径、球的尺寸标注

（1）半径的尺寸线应一端从圆心开始，另一端画箭头指向圆弧。半径数字前应加注半径符号"R"（图3-16）。

（2）小圆弧的半径，可按图3-17所示的形式标注。

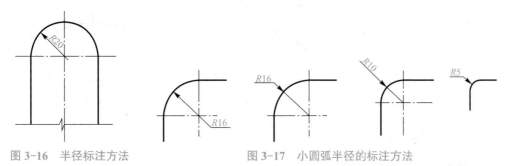

图3-16　半径标注方法　　　　　　　　图3-17　小圆弧半径的标注方法

（3）大圆弧的半径，可按图3-18所示的形式标注。

图3-18　大圆弧半径的标注方法

（4）标注圆的直径尺寸时，直径数字前应加直径符号"ϕ"，在圆内标注的尺寸线应通过圆心，两端画箭头指至圆弧（图3-19）。

（5）小圆的直径尺寸，可标注在圆外（图3-20）。

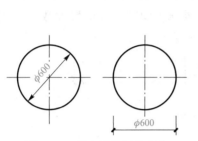

图 3-19　圆直径的标注方法

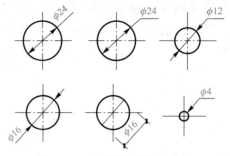

图 3-20　小圆直径的标注方法

（6）标注球的半径尺寸时，应在尺寸前加注符号"SR"。标注球的直径尺寸时，应在尺寸数字前加注符号"Sφ"。注写方法同圆弧半径和圆直径的尺寸标注方法。

（四）角度、弧度、弧长的标注

（1）角度的尺寸线应以圆弧表示。该圆弧的圆心应是该角的顶点，角的两条边为尺寸界线，起止符号应以箭头表示，如没有足够位置画箭头，可用圆点代替，角度数字应按水平方向注写（图 3-21）。

（2）标注圆弧的弧长时，尺寸线应以与该圆弧同心的圆弧线表示，尺寸界线应垂直于该圆弧的弦，起止符号用箭头表示，弧长数字上方应加注圆弧符号"⌒"（图 3-22）。

（3）标注圆弧的弦长时，尺寸线应以平行于该弦的直线表示，尺寸界线应垂直于该弦，起止符号用中粗斜短线表示（图 3-23）。

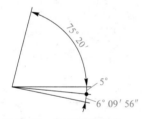

图 3-21　角度标注方法

图 3-22　弧长标注方法

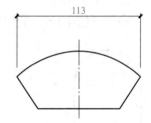

图 3-23　弦长标注方法

（五）尺寸的简化标注

（1）桁架简图、杆件的长度等，可直接将尺寸数字沿杆件一侧注写。

（2）连续排列的等长尺寸，可用"个数 × 等长尺寸 = 总长的形式标注"（图 3-24）。

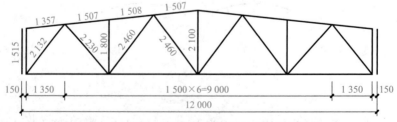

图 3-24　单线尺寸标注和等长尺寸简化标注方法

（3）构配件内的构造因素（如孔、槽等）如相同，可仅标注其中的一个要素的尺寸（图 3-25）。

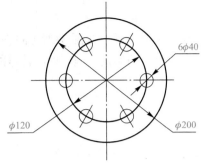

图 3-25　相同要素尺寸标注方法

（4）对称构配件采用对称省略画法时，该对称构配件的尺寸线应略超过对称符号，仅在尺寸线的一端画尺寸起止符号，尺寸数字应按整体全尺寸注写，其注写位置宜与对称符号对齐（图 3-26）。

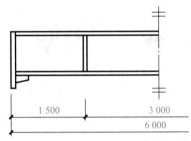

图 3-26　对称构件尺寸标注方法

（5）两个构配件，如个别尺寸数字不同，可在同一图样中将其中一个构配件的不同尺寸数字注写在括号内，该构配件的名称也应注写在相应的括号内（图 3-27）。

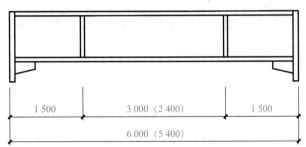

图 3-27　相似构件尺寸标注方法

（6）多个构配件，如仅某些尺寸不同，这些有变化的尺寸数字，可用拉丁字母注写在同一图样中，另列表格写明其具体尺寸（图 3-28）。

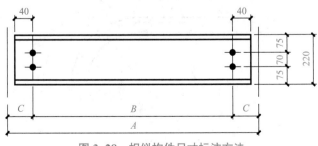

图 3-28　相似构件尺寸标注方法

（六）标高

（1）标高符号应以直角等腰三角形表示，按图 3-29（a）所示的形式用细实线绘制，如标注位置不够，也可按图 3-29（b）所示的形式绘制。标高符号的具体画法如图 3-29（c）、（d）所示。

图 3-29　标高符号

注：L— 取适当长度注写标高数字；h— 根据需要取适当高度

（2）室外地坪标高符号，宜用涂黑的三角形表示 ［图 3-30(a)］，具体画法如图 3-30(b)所示。

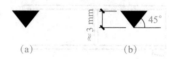

图 3-30　室外地坪标高符号

（3）标高符号的尖端应指至被注高度的位置。尖端一般应向下，也可向上，标高数字应注写在标高符号的左侧或右侧（图 3-31）。

（4）标高数字应以米为单位，注写到小数点以后第三位。

（5）零点标高注写 ±0.000，正数标高不注"＋"，负数标高应注"－"，如 3.000、−0.600。

（6）在图样的同一位置需表示几个不同标高时，标高数字可按图 3-32 所示的形式注写。

图 3-31　标高的指向　　　　　　图 3-32　同一位置注写多个标高

（七）节点板尺寸标注

（1）弯曲构件的尺寸应沿其弧度的曲线标注弧的轴线长度（图 3-33）。

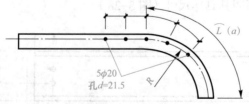

图 3-33　弯曲构件尺寸的标注方法

（2）切割的板材应标注各轴线段的长度及位置（图3-34）。

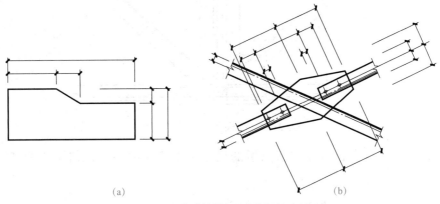

(a)   (b)

图3-34　切割板材尺寸的标注方法

（3）不等边角钢的构件必须标注出角钢一肢的尺寸（图3-35）。

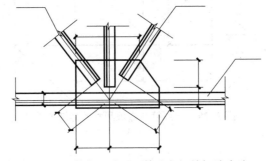

图3-35　节点尺寸及不等边角钢的标注方法

（4）节点尺寸应注明节点板的尺寸和各杆件螺栓孔中心或中心距，以及杆件端部至几何中心线交点的距离（图3-36）。

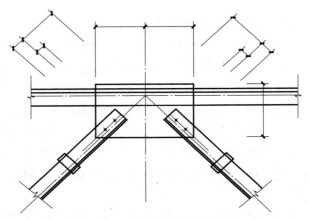

图3-36　节点板尺寸的标注方法

（5）双型钢组合截面的构件应注明缀板的数量及尺寸（图3-37）。引出横线上方标注缀板的数量及缀板的宽度、厚度、引出横线，下方标注缀板的长度尺寸。

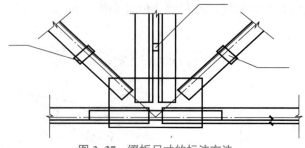

图 3-37　缀板尺寸的标注方法

（6）非焊接的节点板应注明节点板的尺寸和螺栓孔中心与几何中心线交点的距离（图 3-38）。

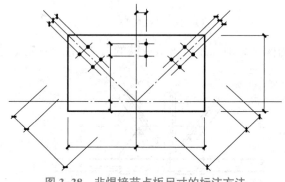

图 3-38　非焊接节点板尺寸的标注方法

任务二　螺栓连接的排列和符号

钢结构常用的连接方法有焊缝连接和螺栓连接。

（1）焊缝连接。焊缝连接（图 3-39）是通过电弧产生的热量使焊条和焊件局部熔化，经冷却凝结成焊缝，从而将焊件连接成为一体。其优点是不削弱构件截面，节约钢材，构造简单，制造方便，连接刚度大，密封性能好，在一定条件下易于采用自动化作业，生产效率高；缺点是焊缝附近钢材因焊接高温作用形成的热影响区可能使某些部位材质变脆；焊接过程中钢材受到分布不均匀的高温和冷却，使结构产生焊接残余应力和残余变形，对结构的承载力、刚度和使用性能有一定影响；焊接结构由于刚度大，局部裂纹一经发生很容易扩展到整体，尤其是在低温下易发生脆断；焊缝连接的塑性和韧性较差，施焊时可能产生缺陷，使疲劳强度降低。

（2）螺栓连接。螺栓连接（图 3-40）是通过螺栓这种紧固件将连接件连接成为一体。螺栓连接可分为普通螺栓连接和高强度螺栓连接两种。其优点是施工工艺简单、安装方便，特别适用于工地安装连接，也便于拆卸，还适用于需要装拆结构和临时性连接；缺点是需要在板件上开孔和拼装时对孔，增加制造工作量，且对制造的精度要求较高；螺栓孔还使构件截面削弱，且被连接件常需相互搭接或增设辅助连接板（或角钢），因而构造较繁且多费钢材。

图 3-39 焊缝连接

图 3-40 螺栓连接

一、螺栓连接的形式和特点

螺栓连接有普通螺栓连接和高强度螺栓连接两大类。

1. 普通螺栓连接

普通螺栓按生产精度可分为 A、B、C 三级。A、B 级为精制螺栓，性能等级有 5.6 级和 8.8 级两种；C 级为粗制螺栓，性能等级有 4.6 级和 4.8 级两种；螺栓性能等级的小数点前数字乘以 100 代表的是最低抗拉强度，小数点及小数点后面的数字代表的是螺栓材质的屈强比值。如 8.8 级，第一个 8 代表该螺栓的抗拉强度最低为 800 MPa；第二个 8 代表该螺栓的屈强比值为 0.8，即该螺栓的屈服强度达 800×0.8 = 640（MPa）。

视频：普通螺栓

A、B 级普通螺栓是由毛坯在车床上经过切削加工精制而成的，表面光滑，尺寸准确，要求配用 I 类孔，孔径（d_0）比栓杆直径（d）大 0.2 ~ 0.5 mm。A、B 级对孔的质量要求较高，造价高，因此一般钢结构很少采用，主要用于机械设备。C 级普通螺栓如图 3-41 所示，由未经加工的圆钢压制而成，其表面粗糙，配用 II 类孔，孔径（d_0）比栓杆直径（d）大 1.0 ~ 1.5 mm，其安装方便，且能有效传递拉力，宜用于沿杆轴方向受拉的连接，或次要连接，或临时固定用的安装连接，在钢结构中常用的普通螺栓即为 C 级螺栓，常用的规格有 M16、M20、M24、M24 等。

图 3-41 普通螺栓

2. 高强度螺栓连接

高强度螺栓采用高强度钢材制成。高强度螺栓的螺杆、螺帽和垫圈都由高强度钢材制作，常用的有 45 号钢、40 硼钢、20 锰钛硼钢、35CrMoA 等。

螺栓的性能等级在 8.8 级以上者，称为高强度螺栓。目前我国常用的高强度螺栓性能等级有 8.8 级和 10.9 级两种，形式上有大六角头和扭剪型两种，如图 3-42 所示。建筑结构的主构件连接，一般均采用高强度螺栓连接，其具有施工简单、受力性能好、可拆换、耐疲劳及在动力荷载作用下不致松动等优点，一般用于永久连接，但需注意高强度螺栓不可重复使用。高强度螺栓连接是很有发展前途的连接方法。

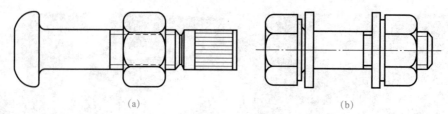

图 3-42　高强度螺栓
(a) 扭剪型螺栓；(b) 大六角头螺栓

高强度螺栓连接是通过螺栓杆内很大的拧紧预压力把连接板的板件夹紧，足以产生很大的摩擦力，从而提高连接的整体性和刚度，当受剪力时，按照设计和受力要求的不同，可分为高强度螺栓摩擦型连接和高强度螺栓承压型连接两种，两者的本质区别是极限状态不同，虽然是同一种螺栓，但是在计算方法、要求、适用范围等方面都有很大的不同。

（1）摩擦型高强度螺栓，依靠被连接板件间的强大摩擦阻力传力，以摩擦阻力刚被克服作为连接承载力的极限状态。因而，连接的剪切变形很小，整体性好。其适用于梁、柱的连接，实腹梁连接，工厂吊车梁连接，制动系统与承受动荷载的重要结构之间的连接。

（2）承压型高强度螺栓，连接摩擦阻力被克服后允许接触面滑移，依靠栓杆和螺孔之间的承压来传力。承压型连接在摩擦力被克服后剪切变形较大，适用于允许产生较少滑动的静载结构或间接承受动载荷的构件内的抗剪连接。

二、螺栓排列要求

螺栓在钢板上的排列应符合简单整齐、规格统一、布置紧凑的原则，常用的排列方式有并列［图 3-43（a）］和错列［图 3-43（b）］两种基本形式。并列简单整齐，所用连接板尺寸小，但由于螺栓孔的存在，对构件截面的削弱较大；错列可以减小螺栓孔对截面的削弱，但螺栓孔排列不如并列紧凑，连接板尺寸较大。

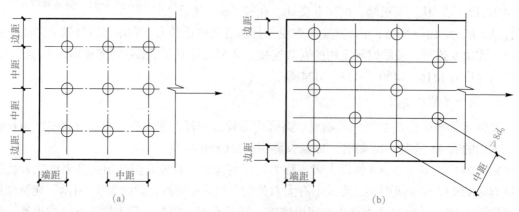

图 3-43　钢板的螺栓排列
(a) 并列；(b) 错列

螺栓在构件上排列的距离要求应符合表 3-4 的规定。根据规范规定的螺栓最大、最小容许间距，宜取 5 mm 的倍数，并按等距离布置，以缩小连接的尺寸。规定的螺栓各种距离主要依据以下要求。

（1）受力要求。

1）在垂直于受力方向：对于受拉构件，各排螺栓的最小中心距及边距不能过小，以免使螺栓周围应力集中相互影响，且使钢板的截面削弱过多，降低其承载能力。

2）在平行于受力方向：端距应按被连接钢板抗挤压及抗剪切等强度条件确定，以便钢板在端部不致被螺栓冲剪撕裂，规范规定端距不应小于 $2d_0$。

受压构件上的中心距不宜过大，否则在被连接板件间容易发生鼓曲现象。最小中心距不宜过小，否则在错列排列中构件有沿折线破坏的可能性。

（2）构造要求。当中心距和边距（端距）过大时，被连接构件间的接触面不紧密，潮气容易侵入缝隙，引起钢板锈蚀。

（3）施工要求：要保证有一定的空间，以便转动扳手，拧紧螺母。螺栓中心距和边距不能过小。

表 3-4　螺栓或铆钉的最大、最小容许距离

名称	位置和方向			最大容许距离 （取两者的较小值）	最小容许距离
中心间距	外排（垂直内力或顺内力方向）			$8d_0$ 或 $12t$	$3d_0$
	中间排	垂直内力方向		$16d_0$ 或 $24t$	
		顺内力方向	构件受压力	$2d_0$ 或 $18t$	
			构件受拉力	$16d_0$ 或 $24t$	
	沿对角线方向			—	
中心至构件边缘距离	垂直内力方向	顺内力方向		$4d_0$ 或 $8t$	$2d_0$
		剪切或手工气割边			$1.5d_0$
		轧制边、自动气割或锯割边	高强度螺栓		$1.5d_0$
			其他螺栓		$1.2d_0$

三、螺栓的符号表示

在钢结构施工图上螺栓及栓孔的表示方法见表 3-5。

表 3-5　螺栓、孔、电焊铆钉的表示方法

序号	名称	图例	说明
1	永久螺栓		
2	高强度螺栓		
3	安装螺栓		1. 细"+"线表示定位线； 2. M 表示定位线； 3. φ 表示螺栓孔直径； 4. d 表示膨胀螺栓、电焊铆钉直径； 5. b 表示长圆形螺栓孔长度； 6. 采用引出线标注螺栓时，横线上标注螺栓规格，横线下标注螺栓孔直径
4	胀锚螺栓		
5	圆形螺栓孔		
6	长圆形螺栓孔		
7	电焊铆钉		

◆ 学与思

微课：螺栓连接构造与识图

❖ 思考题

普通螺栓与高强度螺栓的区别是什么？

任务三　焊缝连接的构造与符号

一、焊缝连接形式

焊缝连接的形式按被连接钢材的相互位置可分为对接、搭接、T 形连接和角接四种（图 3-44）。

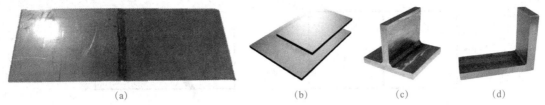

图 3-44 焊缝连接形式

(a) 对接；(b) 搭接；(c) T 形连接；(d) 角接

焊缝按受力特性有两种不同的形式，一类是对接焊缝；另一类是角焊缝。

（一）对接焊缝

为保证焊透，对接焊缝的焊件常需做成坡口（图 3-45），又叫作坡口焊缝。坡口形式与焊件厚度有关。当焊件厚度较小（对手工焊：$t \leqslant 6$ mm；对埋弧焊：$t \leqslant 10$ mm）时可不做坡口，采用直边缝［图 3-45（a）］。

当焊件厚度 $t \leqslant 20$ mm 时，采用具有斜坡口的单边 V 形和 V 形，如图 3-45（b）、（c）所示，其中斜坡口和根部间隙 b 共同组成一个焊条能够运转的施焊空间，使焊缝易于焊透，p 称为钝边，有拖住熔化金属的作用，p、b 常各取 2 mm。当间隙 b 较大时，可采用临时垫板，作用是防止熔化金属流淌，并使焊缝根部容易焊透。施焊后，垫板可保留，也可除去。

当焊件厚度 $t \geqslant 20$ mm 时开 U 形、K 形、X 形坡口，如图 3-45（d）、（e）、（f）所示。对于单面焊，也可采用带衬垫的方式，如图 3-45（g）、（h）、（i）所示。

对接焊缝按所受力的方向与焊缝的位置关系分为正对接焊缝［图 3-46（a）］和斜对接焊缝［图 3-46（b）］。

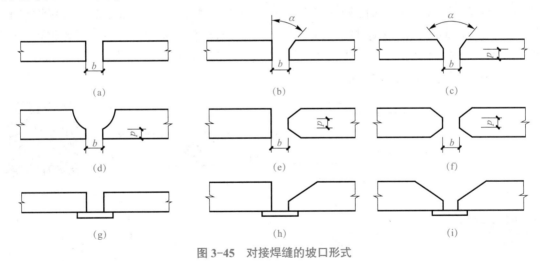

图 3-45　对接焊缝的坡口形式

(a) I 形；(b) 单边 V 形；(c) V 形；(d) U 形；(e) K 形；(f) X 形；(g) 带垫板 I 形；(h) 带垫板单边 V 形；(i) 带垫板 V 形

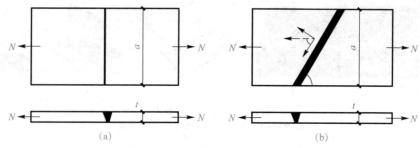

图 3-46 对接焊缝与作用力的关系

(a) 正对接焊缝;(b) 斜对接焊缝

对接焊缝的构造处理方法如下:

(1)在焊缝的起灭弧处,常会出现弧坑等缺陷,极易出现应力集中现象,焊接时可设置引弧板,如图 3-47 所示,焊接后将它们割除。

承受静力荷载的结构,当设置有困难时可以不设,但其焊缝的计算长度应减去 $2t$(t 为焊件的较小厚度)。

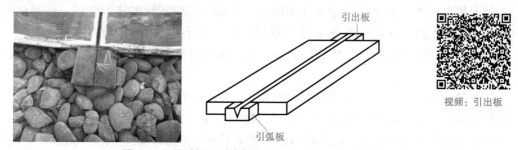

图 3-47 引弧板和引出板

(2)采用对接焊缝拼接时,当板件厚度或宽度在一侧相差大于 4 mm 时,应做坡度不大于 1:2.5 的斜角,以平缓过渡,减小应力集中。对于直接受动力荷载且需要进行疲劳计算的结构,斜角坡度应不大于 1:4。当厚度差小于 4 mm 时,由焊缝找坡,计算时,焊缝厚度取薄板厚度,如图 3-48 所示。

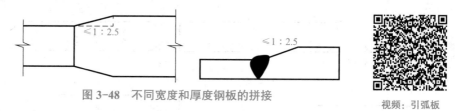

图 3-48 不同宽度和厚度钢板的拼接

(二)角焊缝

1. 角焊缝的分类

角焊缝是最常用的焊缝,按截面形式的不同,角焊缝可分为直角角焊缝(图 3-49)和斜角角焊缝(图 3-50)。直角角焊缝通常焊成表面微凸的等腰直角三角形截面,如图 3-49(a)所示;对直接承受动力荷载的结构,正面角焊缝截面通常焊成平坡形式,如图 3-49(b)所示;侧面角焊缝截面则焊成凹面形式,如图 3-49(c)所示。

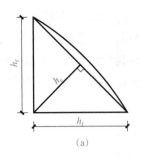 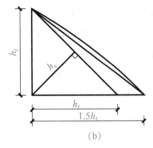 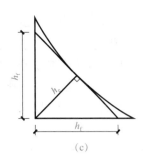

$$(a) \qquad\qquad (b) \qquad\qquad (c)$$

图 3-49　直角角焊缝

（a）等腰式；（b）平坡式；（c）凹面式

两焊边夹角 $\alpha > 90°$ 或 $\alpha < 90°$ 的焊缝称为斜角角焊缝，如图 3-50 所示。斜角角焊缝常用于钢漏斗和钢管结构中。对于 $\alpha > 135°$ 或 $\alpha < 60°$ 斜角角焊缝，除钢管结构外，不宜用作受力焊缝。

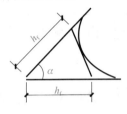 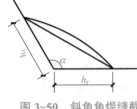 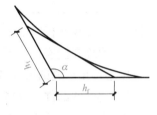

图 3-50　斜角角焊缝截面

按与作用力的位置关系，角焊缝可分为正面角焊缝、侧面角焊缝和斜焊缝，如图 3-51 所示。正面角焊缝的作用力方向与焊缝长度方向垂直；侧面角焊缝的作用力方向与焊缝长度方向平行；斜焊缝的作用力方向与焊缝方向斜交。

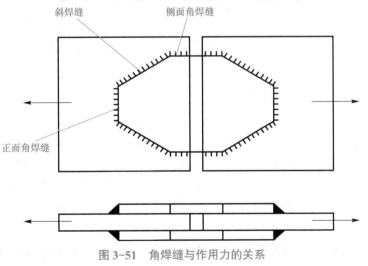

图 3-51　角焊缝与作用力的关系

2. 角焊缝的构造要求

（1）角焊缝的尺寸应符合下列规定：

1）角焊缝的最小计算长度不得小于 $8h_f$，且不应小于 40 mm。角焊缝的计算长度应扣除引弧、收弧后的焊缝长度。这主要是因为角焊缝的焊脚尺寸大而长度较小时，焊件的局部加热严重，焊缝起、灭弧所引起的缺陷相距太近，以及焊缝可能产生的其他缺陷，使焊缝不牢靠。搭接连接的侧面角焊缝，如果长度过小，力线弯折也会造成严重应力集中。

2）角焊缝的焊脚尺寸不能过小，否则焊接时产生的热量较少，而焊件的厚度较大，致使施焊时冷却速度快，产生粹硬组织，导致母材开裂。《钢结构设计标准》（GB 50017—2017）规定，角焊缝最小焊脚尺寸宜按表 3-6 的规定取值，承受动荷载时角焊缝焊角尺寸不得小于 5 mm。其中母材厚度 t 的取值与焊接方法有关。

表 3-6　角焊缝最小焊脚尺寸　　　　　　　　　　　　　　　　mm

母材厚度	角焊缝最小焊脚尺寸
$t \leqslant 6$	3
$6 < t \leqslant 12$	5
$12 < t \leqslant 20$	6
$t > 20$	8

3）被焊构件中较薄板厚度不小于 25 mm 时，宜采用开局部坡口的角焊缝。

4）采用角焊缝焊接连接，不宜将厚板焊接到较薄板上。

（2）搭接连接角焊缝的尺寸及布置应符合下列规定：

1）传递轴向力的部件，其搭接连接最小搭接长度应为较薄件厚度的 5 倍，且不应小于 25 mm，并应施焊纵向或横向双角焊缝，如图 3-52 所示。

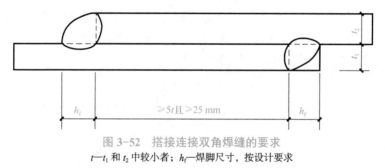

图 3-52　搭接连接双角焊缝的要求

t—t_1 和 t_2 中较小者；h_f—焊脚尺寸，按设计要求

2）只采用纵向角焊缝连接型钢杆件端部时，如图 3-53 所示，型钢杆件的宽度不应大于 200 mm，即图中 $b \leqslant 200$ mm，当宽度大于 200 mm 时，应加横向角焊缝或中间塞焊；型钢杆件每一侧纵向角焊缝的长度不应小于型钢杆件的宽度，即焊缝长度 $l_w \geqslant b$。

3）型钢杆件搭接连接采用围焊时，在转角处应连续施焊。杆件端部搭接角焊缝作绕焊时，绕焊长度不应小于焊脚尺寸的 2 倍，即图中绕脚部分长度 $\geqslant 2h_f$，并应连续施焊，如图 3-53 所示。

（3）搭接焊缝沿母材棱边的最大焊脚尺寸，当板厚不大于 6 mm 时，应为母材厚度，如图 3-54（a）所示；当板厚大于 6 mm 时，应为母材厚度减去 1～2 mm，如图 3-54（b）所示。

（4）断续角焊缝。焊缝沿长度方向的布置可分为连续角焊缝和间断角焊缝两种。连续角焊缝的受力性能较好，为主要的角焊缝形式；间断角焊缝的起、灭弧处容易引起应力集中，重要结构应避免采用，只能用于一些次要构件的连接或受力很小的连接中。

断续角焊缝焊段的长度不得小于 $10h_f$ 或 50 mm，如图 3-55 所示，其净距不应大于 15t

（对受压构件）或 30t（对受拉构件），t 为较薄焊件厚度。

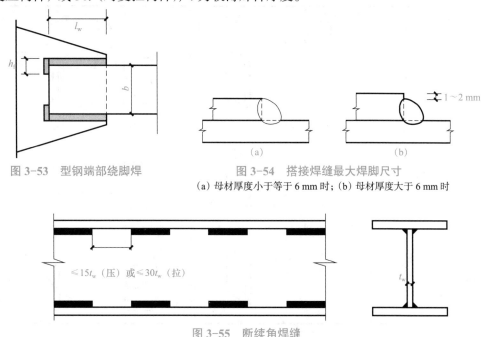

图 3-53　型钢端部绕脚焊

图 3-54　搭接焊缝最大焊脚尺寸
(a) 母材厚度小于等于 6 mm 时；(b) 母材厚度大于 6 mm 时

图 3-55　断续角焊缝

二、焊缝的符号表示

焊缝符号一般由基本符号及指引线组成，必要时加上补充符号和焊缝尺寸等。基本符号表示焊缝的横截面形状，如"V"表示 V 形坡口的对接焊缝，补充符号则说明焊缝的某些特征，如现场安装焊缝、三面围焊等。

指引线一般由横线和带箭头的斜线组成。箭头指到图形相应焊缝处，横线的上方和下方用来标注基本符号和焊缝尺寸。当指引线的箭头指向焊缝所在一面时，应将基本符号和焊缝尺寸等标注在水平横线的上方；反之，标在水平横线的下方。表 3-7 为对接焊缝符号和示意图，表 3-8 为角焊缝的一些常用焊缝符号，表 3-9 为补充符号。

表 3-7　对接焊缝标注示例

名称	符号	示意图	标注示例
I 形焊缝	‖		或
V 形焊缝	∨		或

名称	符号	示意图	标注示例
带钝边 V 形焊缝	Y		或
单边 V 形焊缝	V		或
带钝单边 V 形焊缝	V		或

◆ 学与思

微课：对接焊缝构造与识图　微课：角焊缝构造与识图

❖ 思考题

角焊缝有哪些构造要求？

表 3-8　常见角焊缝标注示例

	角焊缝				塞焊缝	三角围焊
	单面焊缝	双面焊缝	安装焊缝	相同焊缝		
形式						
标注方法	h_f	h_f	h_f	h_f	h_f	h_f

表 3-9　补充符号示意图及标注

名称	符号	示意图及标注示例	说明
带垫块符号	▭		表示焊缝的底部有垫板
三面焊缝符号	⊏		表示工件三面施焊，开口方向与实际方向一致
周围焊缝符号	○		表示环绕工件周围施焊
现场符号	▶		表示现场施焊
尾部符号	＜		表示有三条相同的焊缝

三、焊缝施焊位置

焊缝施焊位置有平焊、横焊、立焊、仰焊。平焊（又称俯焊）施焊方便；横焊和立焊要求焊工的操作水平比较高；仰焊的操作条件最差，焊缝质量不易保证，因此应尽量避免采用仰焊。图 3-56 展示了焊缝施焊位置。

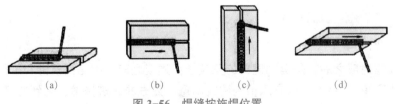

图 3-56　焊缝按施焊位置
(a) 平焊；(b) 横焊；(c) 立焊；(d) 仰焊

为了保证鸟巢施工质量，鸟巢建设者们采取了"谁焊缝，谁留名"的方法：在鸟巢的每条焊缝边上，刻上焊接人的代表编号。当世界的目光聚焦中国、聚焦北京、聚焦鸟巢时，上千名焊工留下的痕迹也被点亮（图3-57）。

图3-57　鸟巢施工现场

当2008名鼓手共同敲响第一个音符，29个大脚印形状的烟花沿着北京中轴线上空接连绽开，属于中国的奥运时间开始了。北京奥运会开幕式当晚，青海省海南州贵德县河东乡贡巴村钢筋工冷保坐在电视机前，观看着国家体育场——鸟巢。在客厅中间的柜子上，一顶安全帽静静地陪伴着他，那是他在鸟巢工作时佩戴过的。他特意将安全帽保存起来。在他看来，这顶帽子代表着自己过去几十年来最大的光辉和荣耀。与冷保类似，焊接工贝德季也保留着一套印有"鸟巢制造"的工作服，尽管衣服已经被焊接的火花烫得到处是洞，他仍然视若珍宝。当初建设鸟巢时，如果一个工人穿着"鸟巢制造"工服走在厂区内，其他工人会向他们投来羡慕的眼光。直到今日，仍有很多当年的建设者还穿着这身工服。然而，不少焊工的工服早已破烂不堪无法保存，好在他们还有一份关于鸟巢的特殊记忆。因为，在鸟巢的每一条焊缝边上，都能看到焊工的代表编号。作为当时世界上跨度最大的钢结构建筑，鸟巢的建设需要耗去2 100 t焊材，焊出300 km的焊缝，才能将14万t钢材拼接为一体。对于鸟巢这个庞然大物来说，焊缝就像鸟巢的"生命线"。为了保证鸟巢施工质量，建设者们采取了"谁焊缝，谁留名"的方法：在鸟巢的每条焊缝边上，刻上焊接人的代表编号。每一条焊缝的焊接人、焊接时间、焊接部位等全部记录存档，并由焊接人、施工负责人、质检员分别签字，凭此来追溯焊缝的焊接质量和过程。在焊接高峰时，有上千名焊工不舍昼夜地将一块块钢板精心打磨，可以说，鸟巢是他们用双手搭建起来的。当他们离开鸟巢，每条焊缝旁边留下的微小痕迹都会代替他们留下。

参与这次焊接作业的每位工人，从此都会成长为能独立带队的技术骨干。从北京申奥成功之日起，无数人都在期待着一个标志性奥运场馆的诞生，最终，鸟巢成为共同选择。它无疑是融入了多方心血和复杂期许的作品。从总设计师到基层焊工，他们无一不为能参与鸟巢建设感到骄傲。

◆ 心得体会

奥运场馆建成之后，是运动健儿的竞技场；建成之前，则是建筑师和工程师的舞台。作为国家体育馆，"鸟巢"以它激情的建筑创意、先进的建筑技术、独到的建筑用材向世界展示着中国人的智慧和勇气。搜索相关资料，一起找找"鸟巢"采用了哪些新建材和新技术？

项目总结

　　本项目主要讲述了钢结构工程的基本知识，包括建筑制图标准及相关规定、钢结构连接基本知识。建筑制图标准及相关规定包括图纸幅面规格、图线、定位轴线、字体及计量单位、比例、符号、尺寸标注；钢结构连接包括螺栓连接和焊缝连接，其中螺栓连接包括普通螺栓连接和高强度螺栓连接，焊缝连接包括对接焊缝和角焊缝。本项目学习旨在为后续的钢结构施工图识读和施工提供识图和钢结构连接共性知识。重点是钢结构连接的施工图阅读，并在完成相关知识学习后，完成钢结构连接的施工图阅读实训，提供学生学习兴趣，强化学生理论联系实际的意识。

项目训练

项目训练　　钢结构施工图基本规定训练			
班级	姓名	学号	日期

任务书：

　　学习完建筑制图标准及相关规定后，请学生根据制图标准、钢结构特点，抄绘下图。

学习目标：

　　能够正确应用图线绘制标准的图形，能够正确绘制尺寸标注，能够认识构件代号、符号含义，培养学生严谨认真的学习态度。

引导问题1：图中图名字号应该为多少？

引导问题2：图中M20表达什么意思？该螺栓采用的是哪种类型的螺栓？

引导问题3：图中总共有多少个螺栓？

引导问题4：图中 ㉑—— 表达什么含义？

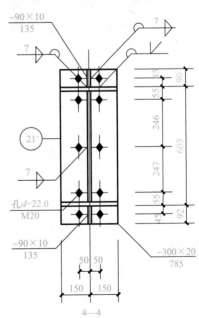

引导问题 5：图中 $\frac{-90\times10}{135}$ ＼ 表达什么含义？

引导问题 6：图中尺寸标注的数字字号应该是多大？

引导问题 7：图中焊缝符号有哪些？分别代表什么焊缝？

模块二

装配式钢结构施工图识图

项目四　装配式门式刚架构造与识图

项目目标

知识目标

（1）掌握装配式门式刚架结构的构造；

（2）说出装配式门式刚架的构成和作用；

（3）说出装配式门式刚架结构施工图的组成。

能力目标

（1）能够识读装配式门式刚架的建筑施工图和结构施工图；

（2）能够根据图纸以小组为单位制作装配式门式刚架模型；

（3）能够进行装配式门式刚架的图纸会审。

素养目标

（1）具备严谨认真的职业精神和规范意识；

（2）不触碰底线，严守职业道德；

（3）读匠人故事，学匠人精神。

项目描述

　　本项目为广西某玻璃厂生产车间项目的门式刚架厂房，按照国家建筑标准设计图集《门式刚架轻型房屋钢结构》（02SG518-1）和《装配式轻型钢结构工业厂房技术标准》（T/CSUS 01-2019）中有关门式刚架施工图的部分知识，以真实项目广西某玻璃厂生产车间为载体，学习门式刚架图纸的基本组成、轻型门式刚架柱脚锚栓的构造和识图、轻型门式刚架梁与刚架柱的构造和识图、轻型门式刚架檩条与墙梁的构造和识图、柱间支撑与屋面支撑的构造、门式刚架施工图实例识读（图4-1）。

图4-1　项目门式刚架厂房效果图

钢结构设计图的基本组成；轻型门式刚架结构概述；轻型门式刚架柱脚锚栓的构造和识图；轻型门式刚架梁与刚架柱的构造和识图；轻型门式刚架檩条与墙梁的构造和识图；柱间支撑与屋面支撑的构造；门式刚架施工图的内容；门式刚架施工图实例识读；装配式钢结构模型制作。

◆案例引入◆ 《深刻吸取事故教训，严格恪守职业道德》

2021年7月21日，重庆市某公司新建4号库房发生坍塌事故，造成5名作业人员死亡，直接经济损失、丧葬及善后赔偿费用723.4万元，财产损失326.5万元，合计1 049.9万元。这是非常典型的钢结构厂房施工中的安全事故，值得钢结构从业者学习并吸取教训。

一、事故原因分析

1. 钢结构自身稳定性不足

4号库房在安装过程中，未安装檩条、支撑、隔撑，仅安装部分纵向系杆，未形成首跨刚架稳定体系，未浇筑柱脚二次混凝土。现场钢结构存在一定的稳定性风险，处于不安全状态（图4-2）。

对未设置支撑体系、未浇筑柱脚混凝土的实际结构进行计算分析，在相同风荷载作用下，整体结构最大变形为1 174 mm，柱脚螺栓最大拉应力为390 MPa、最大压应力为528 MPa，均大于钢材屈服强度235 MPa，结构处于不安全状态。

2. 突发大风诱发

由于4号库房结构缺乏支撑体系，在风荷载和自重作用下稳定性较差。在事发时段 $0.04 \sim 0.05$ kN/m^2 的风压下，结构发生过大变形，柱脚螺栓拉压均超应力导致柱脚螺栓失稳断裂，最终致使钢结构整体坍塌（图4-3）。

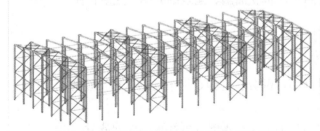

图4-2　4号库房空间设计结构图（不含檩条）

图4-3　刚架全部坍塌图

二、事故暴露出施工单位的主要问题

（1）未按要求配齐主要管理人员。按照要求，施工项目应当配备2名施工员、3名安全员和3名质量员。事发时项目实际管理人员只配备1名施工员和1名安全员。

（2）项目经理未按规定履行日常安全管理职责。经查，项目经理每月带班生产时间只有7～8日，严重少于每月施工时间的80%，也未落实"日周月"隐患排查治理工作。

（3）钢结构安装作业人员不具备高空作业证和焊工操作证等特种作业资质。

（4）吊装作业现场未安排指挥人员。

★ 同学们：这是非常典型的钢结构厂房施工中的安全事故，应该从中吸取教训。这次钢结构厂房的倒塌事故带给我们哪些启示呢？请把你的想法写在下方。

任务一 认识钢结构设计图基本组成

一、建筑施工图的内容及要求

建筑施工图是在确定了建筑平面图、立面图、剖面图初步设计的基础上绘制的，它必须满足施工要求。建筑施工图是表示建筑物的总体布局、外部造型、内部布置、细部构造、内外装饰，以及一些固定设施和施工要求的图样，它所表达的建筑构配件、材料、轴线、尺寸（包括标高）和固定设施等必须与结构、设备施工图取得一致，并互相配合与协调。总之，建筑施工图主要用来作为施工放线，砌筑基础及墙身，铺设楼板、楼梯、屋面，安装门窗，室内外装饰及编制预算和施工组织设计等的依据。

建筑施工图一般包括建筑总说明、总平面图、门窗表、建筑平面图、建筑立面图、建筑剖面图和建筑详图等图纸。钢结构工程建筑施工图与混凝土结构工程建筑施工图的内容及要求区别并不大，主要包括平面布置图、建筑立面图、建筑剖面图、建筑详图。

二、结构施工图的内容及要求

钢结构施工图包括构件布置和构件详图两部分，它们是钢结构制造和安装的主要依据，必须绘制正确，表达详尽。

对钢结构工程来说，通过基础详图和基础平面布置图，可计算锚栓的数量。

构件布置图是表达各类构件（如柱、吊车梁、屋架、墙架、平台等系统）位置的整体图，主要用于钢结构安装。其内容一般包括平面图、侧面图和必要的剖面图，另外，还有安装节点大样、构件编号、构件表（包括构件编号、名称、数量、单重、总重和详图图号等）及总说明等。

构件详图是表达所有单体构件（按构件编号）的详细图，主要用于钢结构制造。其内容包括众多方面，另外，还有安装节点大样、构件编号、构件表（包括构件编号、名称、数量、单重、总重和详图图号等）及总说明等。

1. 结构平面图

表示房屋上部结构布置的图样，称为结构布置图。在结构布置图中，采用最多的是结构平面图的形式。它是表示建筑物室外地面以上各层平面承重构件布置的图样，是施工时布置或安放各层承重构件的依据。

钢结构工程结构平面布置图通常可以体现该工程刚架设计的种类及数量，配合刚架施工图和抗风柱施工图，就可计算主钢构件的用量；另外，结构平面布置图也反映了柱间支撑和屋面支撑的布置、系杆的布置的情况，配合相关的详图，可统计该部分的工程量。

2. 屋架施工图

（1）屋架详图一般应按运输单元绘制，但当屋架对称时，可仅绘制半榀屋架。

（2）主要图面应绘制屋架的正面图，上、下弦的平面图，必要的侧面图和剖面图，以及某些安装节点或特殊零件的大样图。屋架施工图通常采用两种比例尺绘制，杆件的轴线一般用 1 ∶ 20～1 ∶ 30；节点和杆件截面尺寸用 1 ∶ 10 或 1 ∶ 15。重要节点大样，比例尺还可加大，以清楚地表达节点的细部尺寸为准。

（3）在图面左上角用合适比例绘制屋架简图。图中一半注明杆件的几何长度（mm），另一半注明杆件的内力设计值（kN）。当梯形屋架 $l \geqslant 24$ m、三角形屋架 $l \geqslant 15$ m 时，挠度值较大，为了不影响使用和外观，须在制造时起拱。拱度 w 一般取屋架跨度的 1/500，并在屋架简图中注明。

（4）应注明各零件（型钢和钢板）的型号和尺寸，包括加工尺寸（宜取为 5 mm 的倍数）、定位尺寸、孔洞位置，以及对工厂制造和工地安装的要求。定位尺寸主要有轴线至角钢肢背的距离，节点中心至各杆杆端和至节点板上、下和左、右边缘的距离等。螺孔位置要符合型钢上允许线距和螺栓排列的最大、最小容许距离的要求。对执行者安装的其他要求，包括零件切斜角、孔洞直径和焊缝尺寸等都应注明。拼接焊缝要注意标出安装焊缝符号，以适应运输单元的划分和拼装。

（5）应对零件详细编号，编号按主次、上下、左右顺序逐一进行。完全相同的零件用同一编号。如果两个零件的形状和尺寸完全相同，仅因开孔位置或因切斜角等原因有所不同，但系镜面对称，也采用同一编号，可在材料表中注明正或反字样，以示区别。有些屋架仅在少数部位的构造略有不同，如像连支撑屋架和不连支撑屋架只在螺栓孔上有区别，可在图上螺栓孔处注明所属屋架的编号，这样数个屋架可绘制在一张施工图上。

（6）材料表应包括各零件的编号、截面、规格、长度、数量（正、反）和质量等。材料表不但可以归纳各零件以便备料和计算用钢量，同时，也可供配备起重运输设备时参考。

（7）文字说明应包括钢号和附加条件、焊条型号、焊接方法和质量要求，图中未注明的焊缝和螺栓孔尺寸，油漆、运输、安装和制造要求，以及一些不易用图表达的内容。

3. 钢框架、门式刚架施工图及其他详图

在多层钢框架和门式刚架结构中，框架和刚架的榀数很多，但为了简化设计和方便施工，通常将层数、跨度相同且荷载区别不大的框架和刚架按最不利情况归类设计成一种，因此框架和刚架的种类较少，一般有一种到几种。框架和刚架图即用于绘制各类框架和刚架的立面组成、标高、尺寸、梁柱编号名称，以及梁与柱、梁与梁、柱与柱的连接详图索引号等，如在框架和刚架平面内有垂直支撑，还需要绘制支撑的位置、编号和节点详图索引号、零部件编号等。框架和刚架图的制图比例可有两个，轴线比例一般取 1 ： 50 左右，构件横截面比例可取 1 ： 10 ～ 1 ： 30。

楼梯图和雨篷图分别绘制楼梯和雨篷的结构平、立（剖）面详图，包括标高、尺寸、构件编号（配筋）、节点详图、零部件编号等。

构件图和节点详图应详细注明全部零部件的编号、规格、尺寸，包括加工尺寸、拼装定位尺寸、孔洞位置等，制图比例一般为 1 ： 10 或 1 ： 20。

任务二　认识门式刚架结构的构件

20 世纪 90 年代以来，随着我国经济与社会的快速发展，大量的工业厂房采用了轻型门式刚架结构形式。单层门式刚架主要适用于一般工业与民用建筑及公用建筑、商业建筑，也可用于起重机起重量不大于 15 t（$Q \leqslant 15$ t）且跨度不大的工业厂房。门式刚架具有轻质、高强、工厂化和标准化程度较高、现场施工进度快等特点。在工业厂房中大量采用实腹式构件，实腹式构件的特点是用工量较少，装卸性好，还可降低房屋高度。

一、轻型单层门式刚架的组成

1. 门式刚架结构形式简介

门式刚架可分为单跨、双跨、多跨、带挑檐的、带毗屋的刚架等形式（图 4-4）。多跨刚架中间柱与刚架斜梁的连接，可采用铰接（俗称摇摆柱）。多跨刚架宜采用双坡或单坡屋盖［图 4-4（f）］，必要时也可采用由多个双坡单跨相连的多跨刚架形式。

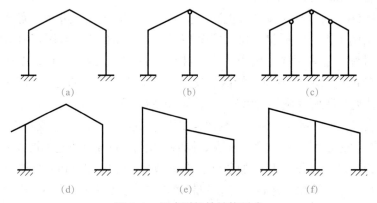

图 4-4　门式刚架的结构形式

（a）单跨；（b）双跨；（c）多跨；（d）带挑檐；（e）带毗屋；（f）坡屋盖

2. 轻型单层门式刚架结构体系

（1）以轻型焊接 H 型钢（等截面或变截面）、热轧 H 型钢（等截面）或冷弯薄壁型钢等构成的实腹式门式刚架或格构式刚架作为主要承重骨架，用冷弯薄壁型钢（槽形、卷边槽形、Z 形等）做檩条、墙梁，并适当设置支撑。

（2）以压型金属板（压型钢板、压型铝板）做屋面、墙面。

（3）采用聚苯乙烯泡沫塑料、硬质聚氨酯泡沫塑料、石饰等作为保温隔热材料。

3. 单层轻型钢结构房屋的组成与分类

单层轻型钢结构房屋的组成如图 4-5、图 4-6 所示，典型结构图如图 4-7 所示。

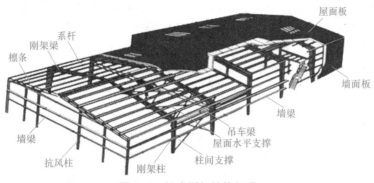

图 4-5　门式刚架结构组成

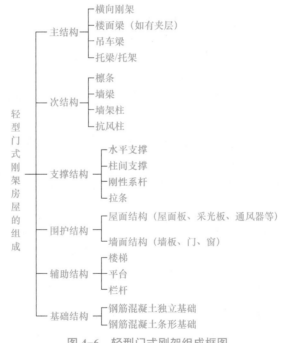

图 4-6　轻型门式刚架组成框图

图 4-7　典型轻型门式刚架实例图

4. 门式刚架各构件的作用

（1）刚架：主要承担建筑物上的各种荷载并将其传递给基础。刚架与基础的连接有刚接和铰接两种形式，一般宜采用铰接，当水平荷载较大，房屋高度较高或刚度要求较高时，也可采用刚接。刚架柱与斜梁为刚接。

（2）抗风柱：抗风柱的作用主要是传递山墙的风荷载，向上通过铰接与钢梁连接，将荷载传递到屋盖系统的刚架梁上，向下通过与基础的连接传递给基础。

（3）吊车梁：吊车梁是支撑桥式起重机运行的梁结构。梁上有起重机轨道，起重机通过轨道在吊车梁上来回行驶。吊车梁将荷载传递到刚架柱的牛腿上，再通过柱传递给基础。

（4）墙梁：主要承担墙体自重和作用于墙上的水平荷载（风荷载），并将其传递给主体结构。

（5）檩条：承担屋面荷载，并将其传给刚架。檩条通过螺栓与每榀刚架连接起来，与墙架梁一起同刚架形成空间结构。

（6）隅撑：对于刚架斜梁，一般是上翼缘受压，下翼缘受拉，上弦由于与檩条相连，一般不会出现失稳，但当屋面风荷载吸力作用时斜梁下翼缘有可能受压从而出现失稳现象，所以，在刚架梁上设置隅撑是十分必要的。

（7）水平支撑：刚架平面外的刚度很小，必须设置刚架柱之间的柱间支撑和刚架梁之间的水平支撑，使其形成具有足够刚度的结构。

（8）柱间支撑：柱间支撑起着承担和传递水平力（起重机纵向刹车力、风荷载、地震作用等）、提高结构的整体刚度、保证结构的整体稳定、减小钢柱面外稳定应力、保证结构安装时的稳定等作用。

（9）拉条：由于檩条和墙架的平面外刚度小，设置拉条（增加支撑），以减小在弱轴方向的长细比，防止檩条发生扭转变形。

（10）刚性系杆：檩条和墙架梁之间采用螺栓连接，连接点接近铰接，檩条和墙架梁的长细比都较大，在平行于房屋纵向荷载的作用下，其传力刚度有限，所以有必要在屋面的各刚架之间设置一定数量的刚性系杆，提高结构纵向的刚度。

（11）抗剪键：门式刚架与基础是通过地脚螺栓连接的，当水平荷载作用形成的剪力较大时螺栓就要承担这些剪力，一般不希望螺栓来承担这部分剪力，在设计时常采用设置刚架柱脚与基础之间的抗剪键来承担剪力。

（12）基础：承受上部结构的荷载并将其传递给地基。

（13）牛腿：吊车梁与柱有一个连接点，用来支撑有轨起重机梁，将梁支座的力分散传递给下部的承重结构。

◆ 学与思

微课：门式刚架结构
的组成和作用

❖ 思考题

1. 什么是门式刚架？

2. 通过学习门式刚架的简述和组成，请学生简述门式刚架的构件有哪些，并写出这些构件的代号。

二、构件名称代号

构件的名称可用代号表示，一般用汉字拼音的第一个字母表示。当材料为钢材时，前面加"G"，代号后标注的阿拉伯数字为该构件的型号或编号，或构件的顺序号。构件的顺序号可采用不带角标的阿拉伯数字连续编排。在钢结构施工图中，常见的构件名称代号见表4-1。

表4-1　常用构件代号

序号	名称	代号	序号	名称	代号	序号	名称	代号
1	板	B	13	圈梁	QL	25	承台	CT
2	屋面板	WB	14	过梁	GL	26	设备基础	SJ
3	空心板	KB	15	连续梁	LL	27	桩	ZH
4	槽形板	CB	16	基础梁	JL	28	挡土墙	DQ
5	折板	ZB	17	楼梯梁	TL	29	地沟	DG
6	密肋板	MB	18	框架梁	KL	30	柱间支撑	ZC
7	楼梯板	TB	19	框支梁	KZL	31	垂直支撑	CC
8	盖板或沟盖板	GB	20	屋面框架梁	WKL	32	水平支撑	SC
9	挡雨板或檐口板	YB	21	檩条	LT	33	梯	T
10	起重机安全走道板	DB	22	屋架	WJ	34	雨篷	YP
11	抗风柱	KFZ	23	刚性系杆	GXG	35	拉条	LT
12	刚架	GJ	24	隅撑	YC	36	斜拉条	XLT

任务三　门式刚架柱脚连接构造与识图

一、柱脚连接构造

1. 柱脚的分类

根据钢柱柱脚的受力，可分为两种形式，一种是铰接柱脚；另一种是刚接柱脚。铰接柱脚一般用于不带起重机的轻型门式刚架，或者承受荷载较小的钢平台。刚接柱脚一般用于5 t以上桥式起重机的门式刚架结构和规模荷载较大的钢框架结构。

（1）铰接柱脚：铰接柱脚构造简单，不能承受弯矩，只能承受剪力和轴力，一般采用两个或四个锚栓。锚栓位于翼缘以内以保证其充分转动。一般有柱底板、加劲肋，需要时设置抗剪键。

（2）刚接柱脚：承受剪力、轴力和弯矩，一般采用四个或四个以上锚栓，锚栓位于翼缘以外。一般有柱底板、加劲肋、靴梁，需要时设置抗剪键。

2. 抗剪键

锚栓用于上部钢结构与下部基础的连接，承受柱底轴力、弯矩，在柱脚底板与基础间产生的拉力，剪力由柱底板与基础面之间的摩擦力抵抗，若摩擦力不足以抵抗剪力，则需在柱底板上焊接抗剪键以增大抗剪能力。常用抗剪键如图4-8所示。

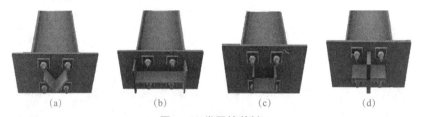

| (a) | (b) | (c) | (d) |

图4-8　常用抗剪键

(a) 角钢抗剪键；(b) H型钢抗剪键；(c) 槽钢抗剪键；(d) 十字形抗剪键

3. 锚栓

锚栓也称为地脚螺栓，锚栓一端埋入混凝土中，埋入的长度要以混凝土对其的握裹力不小于其自身强度为原则，所以对于不同的混凝土强度等级和锚栓强度，所需最小埋入长度也不同。

锚栓主要有以下两个基本作用：

（1）作为安装时临时的支撑，保证钢柱定位和安装稳定性。

（2）将柱脚底板内力传给基础。

锚栓采用Q235或Q345钢制作，可分为弯钩式和锚板式两种（图4-9）。

视频：弯钩式地脚螺栓

| (a) | (b) |

图4-9　常用锚栓

(a) 弯钩式锚栓；(b) 锚板式锚栓

门式刚架的柱脚多按铰接支承设计，通常为平板支座，设1对或2对地脚螺栓。当用于工业厂房且有桥式起重机时，一般将柱脚设计为刚性连接。常见柱脚构造如图4-10所示。

对于铰接柱脚，锚栓直径由构造确定，一般不小于M20；对于刚接柱脚，锚栓直径由计算确定，一般不小于M30。锚栓长度由钢结构设计手册确定，若锚栓埋入基础中的长度不能满足要求，则考虑将其焊于受力钢筋上。为方便柱安装和调整，柱底板上锚栓孔为锚栓直径的1.5倍，或直接在底板上开缺口。

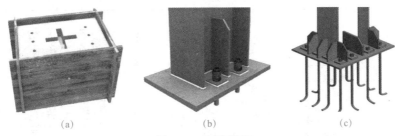

(a)　　　　　　　　　(b)　　　　　　　　　(c)

图 4-10　柱脚实例

(a) 基础剪力键预留槽口；(b) 铰接柱脚连接；(c) 刚接柱脚连接

◆ 学与思

微课：柱脚的分类和构造　　动画：刚接柱脚　　动画：铰接柱脚（一）

❖ 思考题

请同学们分析刚接柱脚和铰接柱脚有什么不同？

二、柱脚连接识图

以广西某玻璃厂生产车间项目的两种柱脚为例展开介绍，识读的柱脚包括铰接柱脚和刚接柱脚（表 4-2），柱脚的布置等详细图纸请查阅本项目图纸。

【看图方法提示】

在详细看图前，可先将全套图样浏览一遍，大致了解这套图样包括多少构件系统，每个系统有几张图，每张图有什么内容。然后再按设计总说明、构件布置图、构件详图、节点详图的顺序进行读图。从布置图中可了解到构件的类型及定位等情况。构件的类型由构件代号、编号表示，定位主要由轴线及标高确定。节点详图主要反映了构件与构件各个连接节点的情况，如墙梁与柱连接节点、系杆与柱的连接、支撑的连接等，反映节点连接的方式及细部尺寸等。

表 4-2　柱脚识图

类型	柱脚识图

刚接柱脚

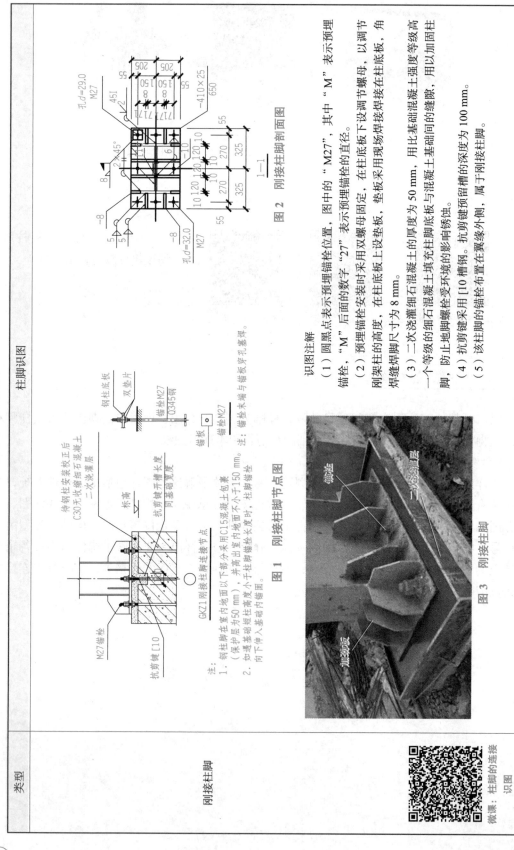

图 1　刚接柱脚节点图

GKZ1刚接柱脚连接节点

注：
1. 钢柱脚在室内地面以下部分采用C15混凝土包裹（保护层为50 mm），并靠出室内地面不小于150 mm。
2. 如遇基础短柱高度不够时，柱脚锚栓向下伸入基础内锚固。

锚板 M27
注：锚栓末端与锚板穿孔塞焊。

图 2　刚接柱脚剖面图

识图注解

（1）圆黑点表示预埋锚栓位置，图中的"M27"，其中"M"表示预埋锚栓，"M"后面的数字"27"表示预埋锚栓的直径。

（2）预埋锚栓安装时采用双螺母固定，在柱底板下设调节螺母，以调节刚架柱脚的高度，在柱底板上设垫板，垫板采用现场焊接焊接在柱底板，角焊缝焊脚尺寸为 8 mm。

（3）二次浇灌细石混凝土的厚度为 50 mm，用比基础混凝土强度等级高一个等级的细石混凝土填充柱脚底板与混凝土基础间的缝隙，用以加固柱脚，防止地脚螺栓受环境的影响而锈蚀。

（4）抗剪键采用 [10 槽钢。抗剪键预留槽的深度为 100 mm。

（5）该柱脚的锚栓布置在翼缘外侧，属于刚接柱脚。

图 3　刚接柱脚

微课：柱脚的连接识图

类型	柱脚识图
铰接柱脚	

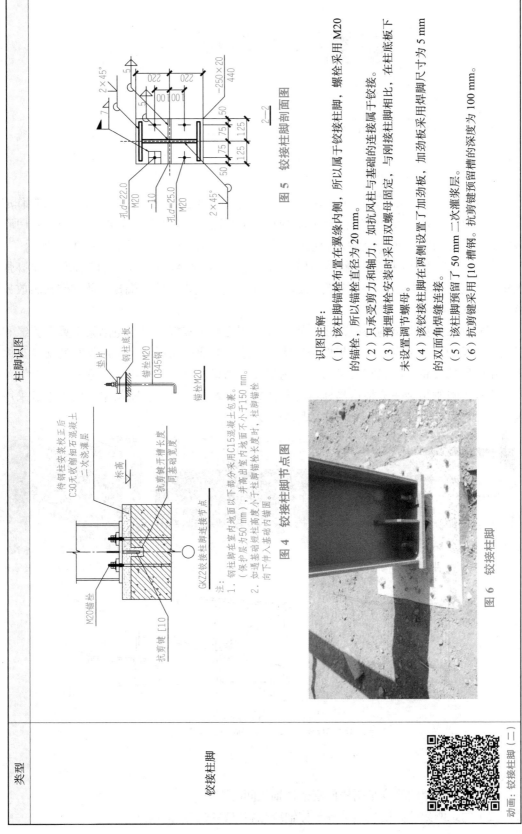

图5 铰接柱脚剖面图

图4 铰接柱脚节点图

GKZ2铰接柱脚连接节点

注：
1. 钢柱脚在室内地面以下部分采用C15混凝土包裹，并高出室内地面不小于50 mm。（保护层为50 mm）。
2. 如遇基础短柱柱脚高度小于柱脚锚栓长度150 mm时，柱脚锚栓向下伸入基础内锚固。

识图注解：
（1）该柱脚锚栓布置在翼缘内侧，所以属于铰接柱脚，螺栓采用M20的锚栓，所承受锚栓直径为20 mm。
（2）只承受剪力和轴力，如抗风柱与基础的连接属于铰接。
（3）预埋锚栓安装时采用双螺母固定，与刚接柱脚相比，在柱底板下未设置调节螺母。
（4）该铰接柱脚在两侧设置了加劲板，加劲板与柱脚用焊脚尺寸为5 mm的双面角焊缝连接。
（5）该柱脚预留了50 mm二次灌浆层。
（6）抗剪键采用[10槽钢。抗剪键预留槽腿的深度为100 mm。

图6 铰接柱脚

动画：铰接柱脚（二）

079

任务四　刚架的构造与识图

一、刚架梁和刚架柱构造

1. 刚架梁与刚架柱构造

主刚架由边柱、刚架梁、中柱等构件组成。边柱和梁通常根据门式刚架受力情况制作成变截面，达到节约材料、降低造价的目的。典型的主刚架、主刚架节点连接形式如图4-11所示。斜梁拼接时也可以用高强度螺栓端板连接，宜使端板与构件外边缘垂直，如图4-12所示。

在钢结构工程中门式刚架斜梁与柱的刚接连接，如图4-13所示，通常采用的是高强度螺栓端板连接（端板是指两边的节点板）。具体构造有端板竖放、端板平放和端板斜放三种形式，如图4-14所示。

门式刚架轻型钢结构房屋的主刚架一般采用变截面实腹刚架，主刚架斜梁下翼缘和刚架柱内翼缘的平面稳定性，由与檩条或墙梁相连接的隅撑来保证。主刚架间的交叉支撑一般采用张紧的圆钢。门式刚架可由多个刚架梁、刚架柱单元构件组成，刚架柱一般为单独单元构件，斜刚架梁一般根据当地运输条件划分为若干个单元。刚架单元构件本身采用焊接，单元之间可通过节点板以高强度螺栓连接。

图4-11　门式刚架结构组成

图4-12　刚架梁连接

图4-13　刚架梁柱连接

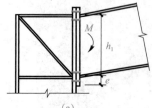
(a)

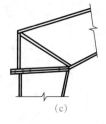
(b)　　　　　　　　　(c)

图4-14　刚架梁柱连接
(a) 端板竖放；(b) 端板斜放；(c) 端板平放

2. 刚架图的内容

（1）门式刚架的跨度是指横向刚架柱轴线间的距离。

（2）门式刚架的高度是指地坪至柱轴线与斜梁轴线交点的高度。

（3）柱轴线取通过柱下端中心的竖向轴线。

（4）门式刚架房屋檐口高度为地坪到房屋外侧檩条上缘的高度。

（5）门式刚架房屋的最大高度取地坪至屋盖顶部檩条上翼缘的高度。

（6）门式刚架房屋的宽度取房屋侧墙墙梁外皮之间的距离。

3．关于刚架设计应注意的内容

（1）门式刚架斜梁与柱的连接，可采用端板竖放、端板平放和端板斜放三种形式，如图 4-20 所示。斜梁拼接时宜使端板与构件外边缘垂直。

（2）端板连接应按所受最大内力设计，当内力较小时，端板连接应按能够承受不小于较小被连接截面承载力的一半设计。

（3）主刚架构件的连接采用高强度螺栓，可采用承压型和摩擦型连接，当为端板连接且只受轴向力和弯矩，或剪力小于其抗滑移承载力时，端板表面可不做专门处理。吊车梁与制动梁的连接可采用高强度摩擦型螺栓连接或焊接。吊车梁与刚架连接处宜设置长圆孔。高强度螺栓直径可根据需要选定，通常采用 M16 ～ M24 螺栓。檩条和墙梁、刚架斜梁和柱的连接通常采用 M12 普通螺栓。

（4）端板连接的螺栓应成对对称布置。在斜梁的拼接处，应采用将端板两端伸出截面高度范围以外的外伸式连接。在斜梁与刚架柱连接处的受拉区，宜采用端板外伸式连接。当采用端板外伸式连接时，宜使翼缘内外的螺栓群中心与翼缘的中心重合或接近。

（5）螺栓中心至翼缘板表面的距离，应满足拧紧螺栓时的施工要求，且不宜小于 35 mm。螺栓端距不应小于 2 倍螺栓孔径。

（6）在门式刚架中，受压翼缘的螺栓不宜小于两排。当受拉翼缘两侧各设置一排螺栓尚不能满足承载力要求时，可在翼缘内侧增设螺栓，其间距可取 75 mm，且不小于 3 倍螺栓孔径。

（7）与斜梁端板连接的柱翼缘部分应与端板等厚度。当端板上两对螺栓间的最大距离大于 400 mm 时，应在端板中部增设一对螺栓。

（8）端板的厚度应根据支撑条件计算，但不应小于 16 mm。

（9）刚架构件的翼缘与端板连接应采用全熔透对接焊缝，腹板与端板的连接应采用角对接组合焊缝或与腹板等强度的角焊缝。

◆ 学与思

微课：刚架构造与识图

❖ 思考题

请描述刚架连接节点的组成，刚架梁柱节点、梁梁节点分别是如何连接的。

二、刚架识图

以广西某玻璃厂生产车间项目的门式刚架为例展开介绍，识读刚架施工图（表 4-3）。

表 4-3 刚架识图

刚架识图

图 1 GJ

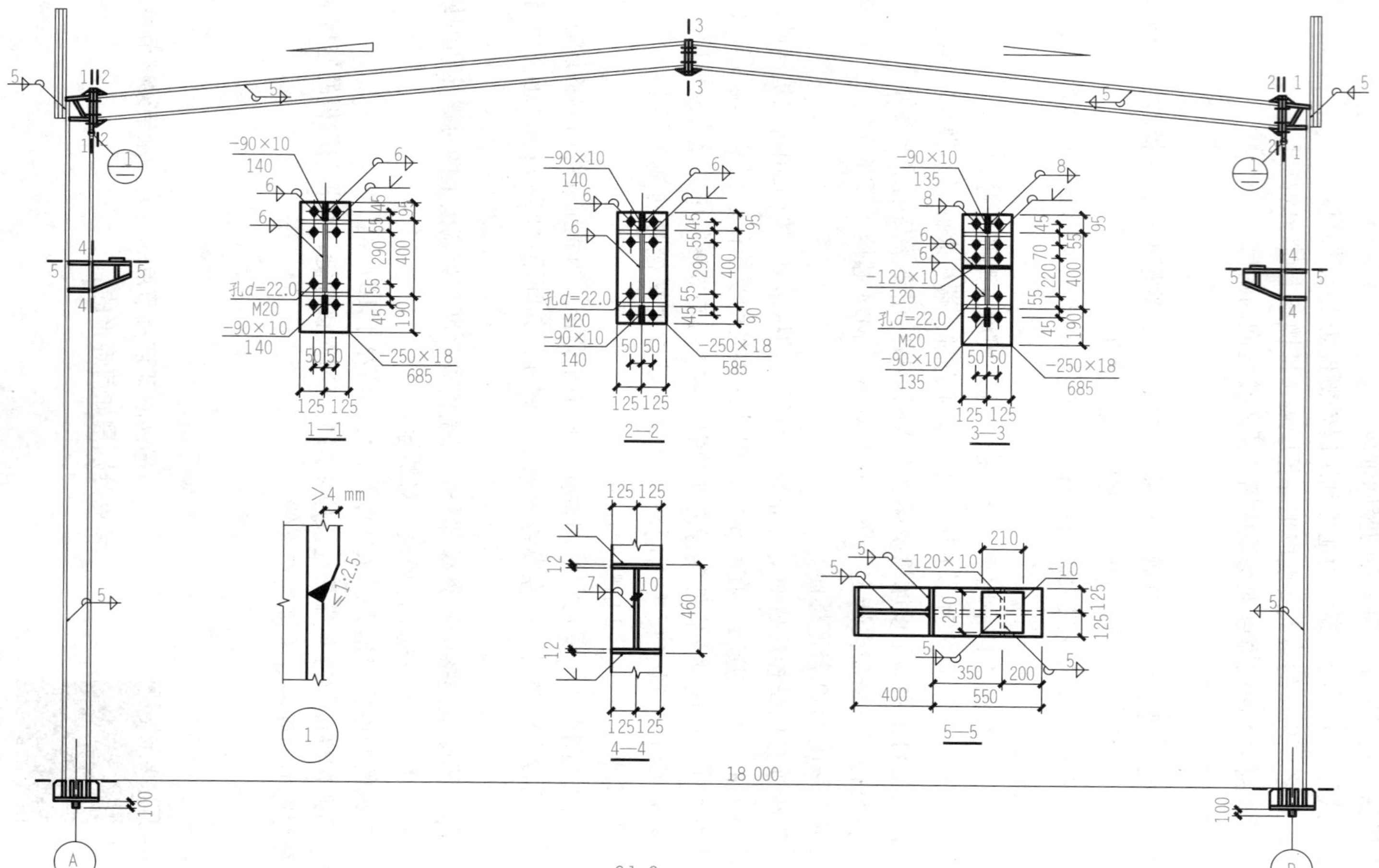

学习资源

学习资源	刚架识图
动画：刚架介绍 动画：认识牛腿 	 图 2　牛腿的连接 识图注解： （1）GJ 表示刚架，跨度为 18 m，均沿轴线居中布置。 （2）梁柱节点连接，采用端板竖放的连接方式。 （3）从详图①和 1—1 剖面图可以看出，连接板的厚度为 18 mm，与柱的翼缘厚度为 10 mm 相差超过 4 mm，根据构造要求，需要开坡，开坡坡度为 1：2.5。 （4）4—4 剖面图是牛腿与钢柱的连接剖面图，可以识得牛腿是通过单边 V 形对接焊缝焊接在钢柱翼缘上。在牛腿上方有一块垫板，垫板焊接在牛腿上表面，如图 2 所示。 （5）▷ 表示双面角焊缝。三角形的加劲板采用的是双面角焊缝。 （6）1—1 剖面图中端板的尺寸为 −250×18×685，分别表示钢板的宽×厚×长；剖面 1—1 和剖面 2—2 表示梁柱连接端板，剖面 3—3 表示两节梁的连接端板。

一、刚架支撑系统构造

1. 刚性系杆

在门式刚架结构中，刚架这个主结构承担横向荷载，保证横向的稳定。但是，在纵向结构中檩条和墙架梁之间采用螺栓连接的，在平行于房屋纵向荷载的作用下，刚度较弱，所以，需要在纵向的方向设置刚性系杆以保证其刚度和稳定性。有时刚性系杆也可由檩条兼任，此时檩条应满足压弯构件的承载力和刚度要求。

刚性系杆一般布置在檐口、屋脊、水平支撑位置。刚性系杆，一般采用如图4-15所示的圆管、H型钢或者其他截面形式杆件。

2. 水平支撑和柱间支撑

轻型门式刚架的标准支撑系统有斜交叉支撑和门架支撑，包括水平支撑和柱间支撑，如图4-16所示。其主要作用是保证结构空间整体性和纵向稳定性，并将施加在结构物上的纵向水平作用从其作用点传送至柱基础，最后传送至地基。

图4-15　刚性系杆

图4-16　柔性水平支撑和柱间支撑

交叉支撑是轻型门式刚架结构用于屋顶、侧墙和山墙的支撑系统，有柔性支撑和刚性支撑两种。柔性支撑一般为镀锌钢丝绳索、圆钢，不能受压，如图4-16所示，在一个方向的纵向荷载作用下，一根受拉，另一根则退出工作。刚性支撑构件为角管或圆管，可以承受拉力和压力，如图4-17和图4-18所示。

图4-17　圆管钢柱间支撑

图4-18　双角钢柱间支撑

3. 支撑设置的构造要求

（1）在每个温度区段或分期建设的区段中应分别设置能独立构成空间稳定结构的支撑体系。

（2）在设置柱间支撑的开间，宜同时设置屋盖横向支撑，水平支撑和柱间支撑需要设置在同一道，以组成几何不变体系。

（3）屋盖横向支撑宜设在温度区间端部的第一个或第二个开间。当端部支撑设在第二个开间时，在第一个开间的相应位置应设置刚性系杆。

（4）柱间支撑的间距应根据房屋纵向柱距、受力情况和安装条件确定。当无起重机时宜取 30 ～ 45 m；当有起重机时宜设在温度区段中部，或当温度区段较长时宜设在三分点处，且间距不大于 60 m。

（5）当建筑物宽度大于 60 m 时，在内柱那一列宜适当增加柱间支撑。

（6）当房屋高度相对于柱距较大时，柱间支撑宜分层设置。

（7）在刚架转折处（单跨房屋边柱柱顶和屋脊，以及多跨房屋某些中间柱柱顶和屋脊）应沿房屋全长设置刚性系杆。

（8）在设有带驾驶室且起重量大于 15 t 桥式起重机的跨间，应在屋盖边缘设置纵向支撑桁架。当桥式起重机起重量较大时，应采取措施增加吊车梁的侧向刚度。

（9）刚性系杆可由檩条兼作，此时檩条应满足对压弯构件的刚度和承载力要求。当不满足时，可在刚架斜梁间设置钢管、H 型钢或其他截面的构件。

（10）门式刚架轻型房屋钢结构的支撑，可采用带张紧装置的十字交叉圆钢支撑。圆钢与构件的夹角应在 30° ～ 60° 范围内，宜接近 45°。

（11）当设有起重量不小于 5 t 的桥式起重机时，柱间宜采用型钢支撑。在温度区段端部吊车梁以下不宜设置柱间刚性支撑。当不允许设置交叉柱间支撑时，可设置其他形式的支撑；当不允许设置任何支撑时，可设置纵向刚架。

 ◆ 学与思

微课：支撑系统构造与识图

❖ 思考题

请通过微课学习，简述刚性支撑和柔性支撑的区别。

二、刚架支撑系统识图

以广西某玻璃厂生产车间项目的门式刚架为例展开介绍，识读刚架柱间支撑、水平支撑、刚性系杆的施工图（表 4-4）。

表 4-4　刚架支撑系统的识图

刚架支撑系统的识图

学习资源	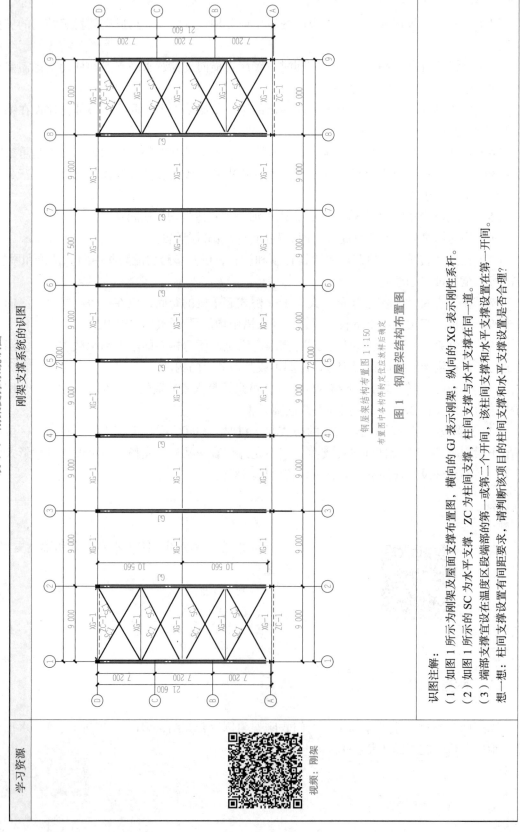 钢屋架结构布置图 1:150 布置图中各构件的定位应放样后确定 **图 1　钢屋架结构布置图** 识图注解： （1）如图 1 所示为刚架及屋面支撑布置图，横向的 GJ 表示刚架，纵向的 XG 表示刚性系杆。 （2）如图 1 所示的 SC 为水平支撑，ZC 为柱间支撑，柱间支撑与水平支撑在同一道。 （3）端部支撑宜设在温度区段端部的第一或第二个开间，该柱间支撑和水平支撑设置在第一开间。 想一想：柱间支撑设有间距要求，请判断该项目的柱间支撑和水平支撑设置是否合理？ 视频：刚架

刚架支撑系统的识图

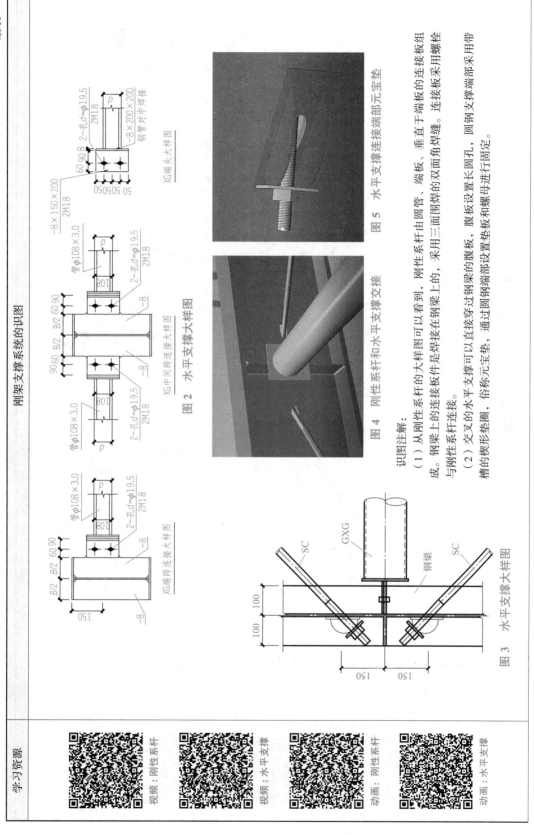

图 2 水平支撑大样图

管φ108×3.0

2-孔,d=φ19.5
2M18

−8

−8×150×200
2M18

60 90 8

50 50 50 50

钢管对中焊接

−8×200×200

XG端头大样图

管φ108×3.0

2-孔,d=φ19.5
2M18

−8

90 60 B/2 B/2 60 90

XG中间跨连接大样图

管φ108×3.0

2-孔,d=φ19.5
2M18

B/2 B/2 60 90

150

−8

XG端跨连接大样图

图 4 刚性系杆和水平支撑交接

图 5 水平支撑连接端部元宝垫

识图注解:

(1) 从刚性系杆的大样图可以看到，刚性系杆由圆管、端板、垂直于端板的连接板的连接板组成。钢梁上的连接板是焊接在钢梁上的，采用三面围焊的双面角焊缝。连接板采用螺栓与刚性系杆连接。

(2) 交叉的水平支撑可以直接穿过钢梁的腹板，俗称元宝垫。圆钢支撑端部采用带槽的楔形垫圈，俗称元宝垫，通过圆钢端部设置垫板和螺母和螺母进行固定。

SC

GXG

钢梁

SC

100 100

100

150 150

图 3 水平支撑大样图

刚架支撑系统的识图

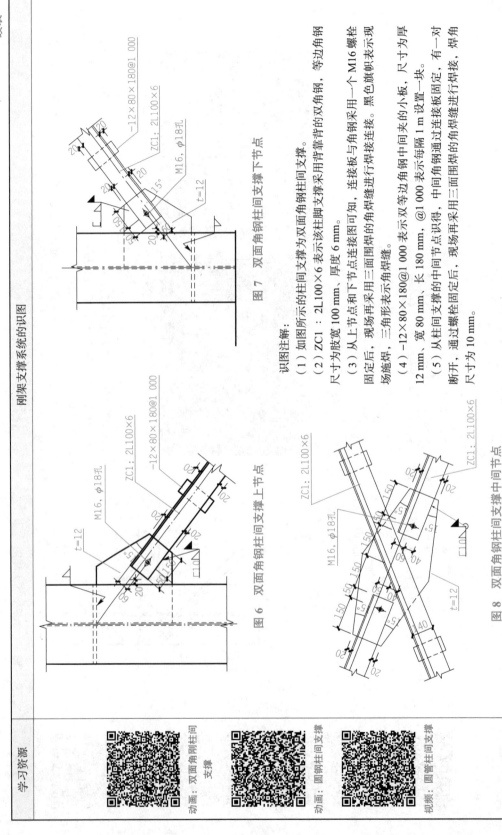

图 6　双面角钢柱间支撑上节点

图 7　双面角钢柱间支撑下节点

图 8　双面角钢柱间支撑中间节点

识图注解：

（1）如图所示的柱间支撑为双面角钢柱间支撑。

（2）ZC1：2L100×6 表示该柱脚用背靠背的双角钢，等边角钢尺寸为肢宽 100 mm，厚度 6 mm。

（3）从上节点和下节点连接图可知，连接板与钢采用一个 M16 螺栓固定后，现场再采用三面围焊的角焊缝进行焊接连接。黑色旗帜表示现场施焊，三角形表示角焊缝。

（4）−12×80×180@1 000 表示双等边双等边角钢中间夹的小板，尺寸为厚 12 mm，宽 80 mm，长 180 mm，@1 000 表示每隔 1 m 设置一块。

（5）从柱间支撑的中间节点识得，中间角钢通过连接板固定，有一对断开，通过螺栓固定后，现场再采用三面围焊的角焊缝进行焊接，焊角尺寸为 10 mm。

学习资源

动画：双面角刚柱间支撑

动画：圆钢柱间支撑

视频：圆管柱间支撑

任务六 檩条和墙梁构造与识图

檩条、墙檩和檐口檩条为轻型门式刚架结构的次结构系统，它们也是结构纵向支撑体系的部分。檩条是构成屋面水平支撑系统的主要部分；墙檩则是墙面支撑系统中的重要构件；檐口檩条位于侧墙和屋面的接口处，对屋面和墙面都起到支撑的作用。檩条一般采用带 C 形（卷边槽形）和 Z 形（斜卷边或直卷边）截面的冷弯薄壁型钢，如图 4-19 所示。

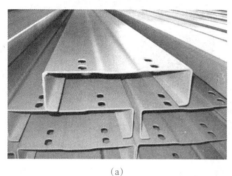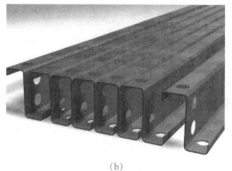

(a)   (b)

图 4-19 常用檩条的截面形式
(a) C 形截面；(b) Z 形截面

一、屋面系统结构

1. 屋面檩条构造

屋盖结构檩条的高度一般为 140～250 mm，厚度为 1.5～5 mm。冷弯薄壁型钢构件一般采用 Q235 或 Q345，大多数檩条表面涂层采用防锈底漆，也有采用镀铝或镀锌的防腐措施。

檩条构件一般为简支构件，也可为连续构件。简支檩条和连续檩条一般通过搭接方式的不同来实现。

简支檩条不需要搭接长度，图 4-20 所示为 Z 形檩条的简支搭接方式。其搭接长度很小，对于 C 形檩条可以分别连接在檩托上。采用连续构件可以承受更大的荷载和变形，因此比较经济。

连续檩条的工作性能是通过设置搭接长度来获得的，所以，连续檩条一般跨度大于 6 m，否则并不一定能达到经济的目的，如图 4-21 所示。檩托在简支檩条的端部或连续檩条的搭接处，考虑设置檩托是比较妥善地防止檩条在支座处倾覆或扭转的方法。檩托常采用角钢或者焊接的 T 形檩托，高度达到檩条高度的 3/4，且与檩条以螺栓连接。图 4-22 示意了檩托的设置方法。檩条不与主梁直接接触，间隔一段距离，主要是防止薄壁型钢构件在支座处的腹板压曲。

图 4-20　简支檩条（中间跨）

图 4-21　连续檩条（连续搭接）

图 4-22　檩条布置

2. 拉条和撑杆

为了提高檩条稳定性，防止檩条扭转，可采用拉条或撑杆从檐口一端引到另一端的通常设置，连接一根根檩条。根据檩条跨度的不同，可以在檩条中央设一道或三等分点处各设一道，如图 4-23 所示，一般情况下檩条上翼缘受压，所以拉条设置在檩条上翼缘 1/3 高的腹板范围内，对非自攻螺钉连接的屋面板，则需要在檩条上下翼缘附近设置双拉条。对于卷

图 4-23　拉条、撑杆和隔撑实例图

边的 C 形截面檩条，因在风吸力作用下自由翼缘将向屋脊变形，因此还采用钢管作为撑杆。在檐口屋脊外应设置架拉条，屋脊处为防止所有檩条向一个方向失稳，一般采用比较牢固的连接。

拉条一般采用张紧的圆钢，其直径不得小于 8 mm，考虑上翼缘的侧向稳定性由自攻螺钉连接的屋面板提供，可只在下翼缘附近设置拉条；撑杆通常采用钢管，其长细比不得大于 200（图 4-24、图 4-25）。拉条和撑杆的布置应根据檩条的跨度、间距、截面形式、屋面坡度、屋面形式等因素来选择。

图 4-24　直拉条

图 4-25　斜拉条

（1）当檩条跨度 $L \leqslant 4$ m 时，通常可不设拉条或撑杆；当 4 m $< L \leqslant 6$ m 时，可仅在檩条跨中设置一道拉条，檐口檩条间应设置撑杆和斜拉条；当 $L > 6$ m 时，宜在檩条跨间三分点处设置两道拉条，檐口檩条间同样应设置撑杆和斜拉条。

（2）屋面有天窗时，宜在天窗两侧檩条间设置撑杆和斜拉条。

（3）当檩距较密时（$s/L<0.2$），可根据檩条跨度大小设置拉条及撑杆，以使斜拉条和檩条的交角不致过小，确保斜拉条拉紧。

（4）对称的双坡屋面，可仅在脊檩间设置撑杆，不设斜拉条，但在设计脊檩时应计入一侧所有拉条的竖向分力。

3. 隔撑

当实腹式刚架斜梁的下翼缘受压时，必须在受压翼缘侧面布置隔撑作为斜梁的侧向支撑，隔撑的另一端连接在檩条上。隔撑与刚架构件腹板的夹角不宜小于45°，如图4-26所示。在檐口位置，刚架斜梁与柱内翼缘交接点附近的檩条和墙梁处，应各设置一道隔撑。在斜梁下翼缘受压区应设置隔撑，其间距不得大于相应翼缘宽度，若斜梁下翼缘受压区因故不设置隔撑，则必须采取保证刚架稳定的可靠措施。

图 4-26　隔撑

◆ 学与思　　　❖ 思考题

为什么不直接将檩条安装在刚架梁上，而是通过檩托连接，檩条与钢梁不直接接触呢？在施工作业中可以不安装檩托吗？

动画：檩条布置

二、墙面系统结构

墙檩也称为墙梁，墙檩与主刚架柱的相对位置有穿越式和平齐式两种。

穿越式墙梁的自由翼缘简单地与柱外翼缘螺栓连接或檩托连接，如图4-27所示。

平齐式墙梁通过连接角钢将墙檩与柱子腹板相连，墙檩外翼缘基本与柱子外翼缘平齐，如图4-28所示。

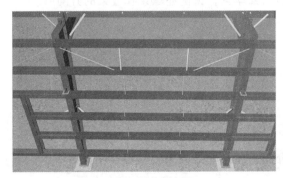

图 4-27　穿越式墙梁

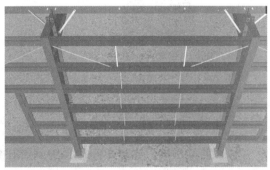

图 4-28　平齐式墙梁

墙梁的设置与屋面的檩条是相同的，为了防止墙梁扭转和变形设置了直拉条、斜拉条、撑杆、隔撑，具体的布置位置请结合墙梁布置图。

墙梁的布置应考虑设置门窗、挑檐、遮雨篷等构件和围护材料的要求。

对于工业厂房，一般需要设置女儿墙，女儿墙立柱为女儿墙的竖向构件，可直接焊接在屋面梁上，截面通常采用轧制或焊接 H 型钢。

　　焊接有两种方法，第一种，焊接在刚架柱侧面翼缘，女儿墙上的檩条与立柱平齐，如图 4-29 所示；第二种，立柱焊接在梁的上翼缘，檩条设置在女儿墙外侧，如图 4-30 所示。女儿墙的高度一般是超过屋脊高度。

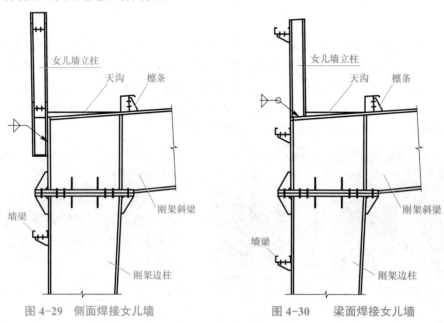

图 4-29　侧面焊接女儿墙　　　　　　　　图 4-30　梁面焊接女儿墙

　　同时在女儿墙位置布置天沟，天沟是指建筑物屋面檐口下凹部分，用来有组织排水。天沟的制作一般采用镀锌薄钢板。

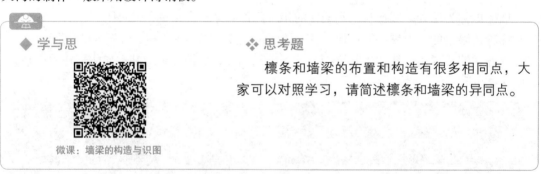

◆ 学与思

微课：墙梁的构造与识图

❖ 思考题

　　檩条和墙梁的布置和构造有很多相同点，大家可以对照学习，请简述檩条和墙梁的异同点。

三、屋面系统识图

　　以广西某玻璃厂生产车间项目为例展开介绍，屋面檩条的布置与墙梁相似，所以，下面只讲解屋面檩条相关施工图的识图（表 4-5）。

表4-5 屋面檩条识图

屋面檩条识图

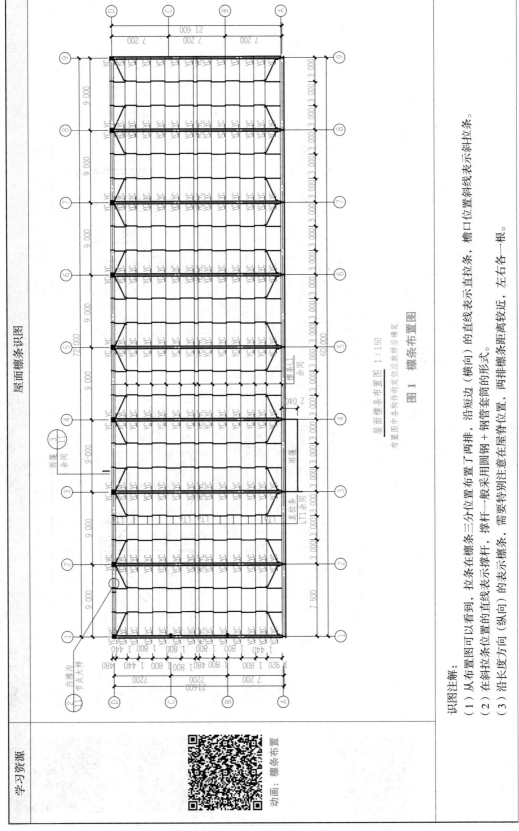

屋面檩条布置图 1:150

布置图中各构件的定位应以放样后确定

图1 檩条布置图

识图注解：

（1）从布置图可以看到，拉条在檩条三分位置布置了两排，沿短边（横向）的直线表示直拉条，檐口位置斜线表示斜拉条。

（2）在斜拉条位置的表示撑杆，撑杆一般采用圆钢＋钢管套筒的形式。

（3）沿长度方向（纵向）的表示檩条，需要特别注意在屋脊位置，两排檩条距离较近，左右各一根。

学习资源

动画：檩条布置

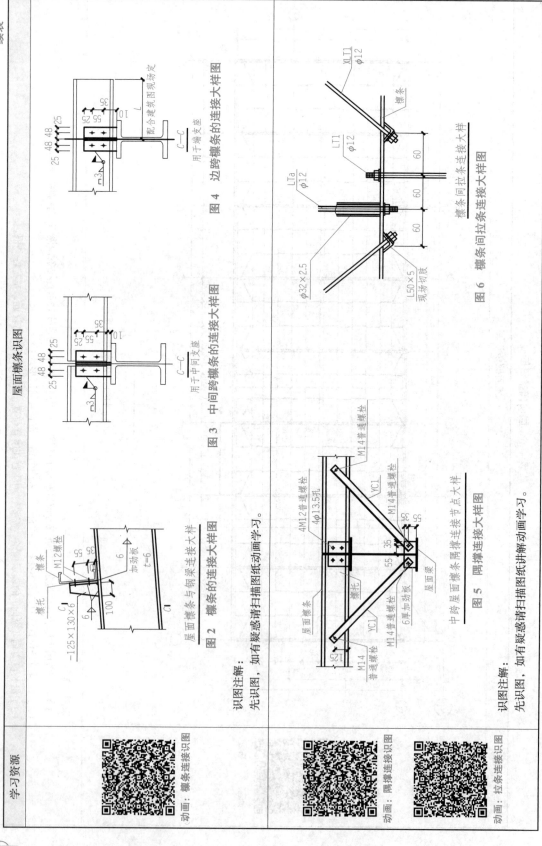

续表

屋面檩条识图

学习资源

动画：檩条连接识图

动画：隔撑连接识图　动画：拉条连接识图

094

任务七 吊车梁构造与识图

吊车梁主要承受起重机竖向及水平荷载，并将这些荷载传送到横向框架和纵向框架上。吊车梁是支撑起重机运行的梁结构，是满足各类工业建筑生产的重要基础，也是工业厂房中的常见结构。

一般以实腹与空腹来区分吊车梁（实腹）与吊车桁架（空腹），吊车梁有型钢梁、组合工字形梁、箱型梁、壁行式吊车梁等形式，焊接工字形吊车梁由三块钢板焊接而成，制作比较简便，是工程中常用的形式。

一、吊车梁的组成

这里以焊接工字形吊车梁为例，焊接工字形吊车梁包括上翼缘、下翼缘、腹板，以及为了提高吊车梁稳定性和抗扭性能，设置的加劲肋。加劲肋采用双面角焊缝焊接在吊车梁上。

吊车梁横向加劲肋宽度不宜小于 90 mm。在支座处的横向加劲肋应在腹板两侧成对设置，并与梁上下翼缘刨平顶紧。中间横向加劲肋的上端应与梁上翼缘刨平顶紧，在重级工作制吊车梁中，中间横向加劲肋也应在腹板两侧成对布置，而中、轻级工作制吊车梁则可单侧设置或两侧错开设置。端部支承加劲肋可与梁上下翼缘相焊，中间横向加劲肋的下端宜在距离受拉下翼缘 50 ~ 100 mm 处断开，如图 4-31 所示。

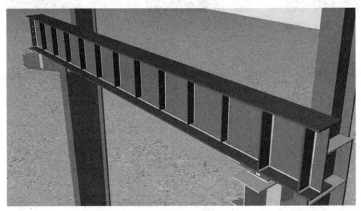

图 4-31 吊车梁

二、吊车梁与牛腿连接

吊车梁与牛腿连接的支座有平板式支座和突缘式支座两种。

突缘式支座在吊车梁端部设置了下端凸出的突缘板，支座处还有焊接在垫板上的弹簧板，弹簧板有稳固和约束吊车梁变形的作用，这种连接柱受到吊车较小的扭矩作用，能承受较大弯矩（图4-32）。弹簧板和吊车梁连接时中间有块垫板。

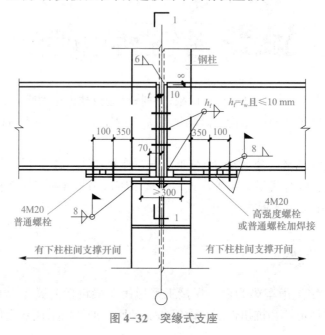

图4-32 突缘式支座

◆ 学与思

动画：突缘式支座　　动画：平板式支座　　视频：吊车梁

平板式支座由支座板、传力板、支座加劲肋等组成，柱受到起重机的竖向荷载引起较大扭矩，不能承受较大弯矩（图4-33）。

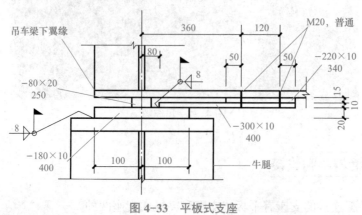

图4-33 平板式支座

三、吊车梁与柱连接

吊车梁并非简单地连接在牛腿上，为防止吊车梁纵向移动和侧向倾倒，还需要与柱建立拉结，设置连接柱和吊车梁的连接板，并在柱腹板位置设置与连接板同一高度处加劲肋，如图4-34所示。

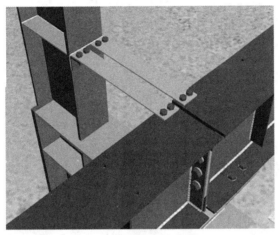

图4-34　吊车梁与柱连接

上翼缘与柱或制动桁架传递水平力的连接宜采用高强度螺栓的摩擦型连接，而上翼缘与制动梁的连接可采用高强度螺栓摩擦型连接或焊缝连接。

四、吊车梁制动桁架

制动桁架是为了增加吊车梁的侧向刚度，并与吊车梁一起承受由起重机传来的横向刹车力和冲击力而在吊车梁的旁边增设的桁架。

吊车梁制动桁架的作用是承担起重机的水平荷载及其他因素产生的水平推力，保证吊车梁的侧向稳定性，增加吊车梁的侧向刚度，制动板还可以作为检修平台和人行通道。

◆ 学与思

微课：吊车梁构造与识图（一）

❖ 思考题

　　请简述牛腿的构成。吊车梁与牛腿是如何连接的？制动桁架组成和作用又是什么？

五、吊车梁的识图

以广西某玻璃厂生产车间项目为例展开介绍，学会识读吊车梁的施工图（表4-6）。

表 4-6　吊车梁与制动桁架识图

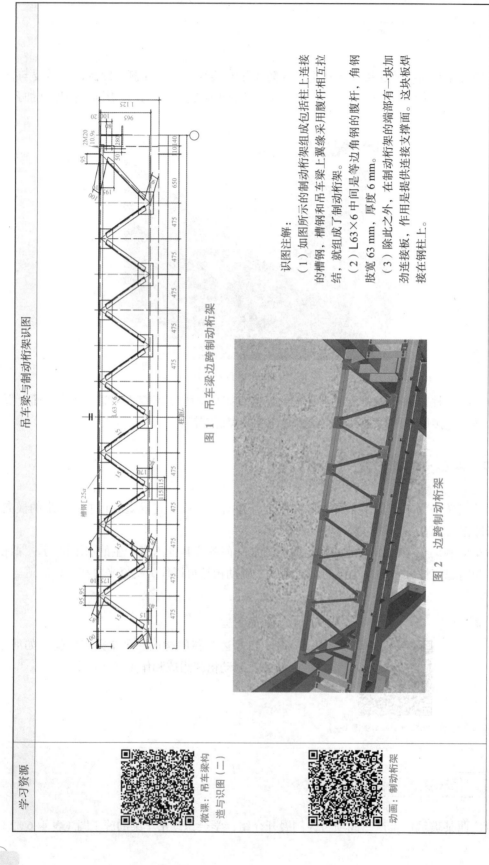

吊车梁与制动桁架识图

图 1　吊车梁边跨制动桁架

图 2　边跨制动桁架

识图注解：

（1）如图所示的制动桁架组成包括柱上连接的槽钢、槽钢和吊车梁上翼缘采用腹杆相互拉结，就组成了制动桁架。

（2）L63×6 中间是等边角钢的腹杆，角钢肢宽 63 mm，厚度 6 mm。

（3）除此之外，在制动桁架的端部有一块加劲连接板，作用是提供连接支撑面。这块板加接在钢柱上。

学习资源

微课：吊车梁构造与识图（二）

动画：制动桁架

吊车梁与制动桁架识图

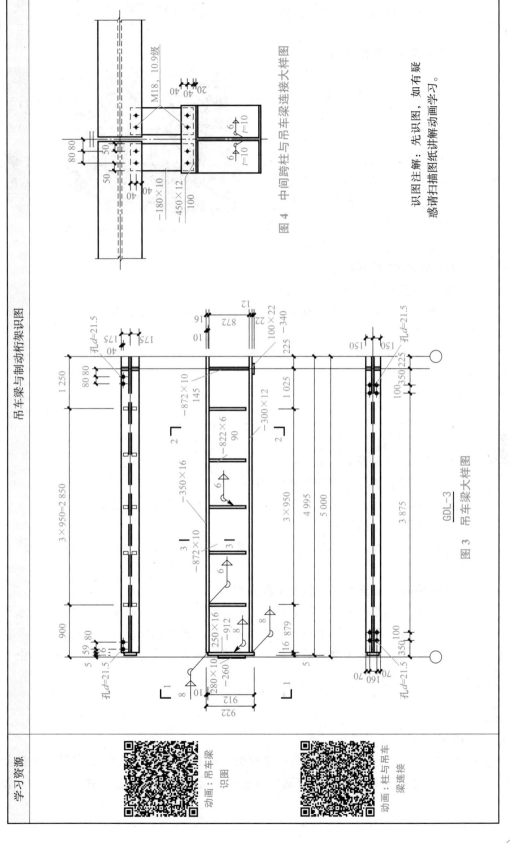

图 4 中间跨柱与吊车梁连接大样图

GDL—3

图 3 吊车梁大样图

识图注解：先识图，如有疑惑请扫描图纸讲解动画学习。

学习资源		
动画：吊车梁识图	动画：柱与吊车梁连接	

一、钢结构模块式建筑简介

钢结构是由钢质材料组成的结构，是主要的建筑结构类型之一（图4-35）。钢结构模块化建筑是集结构、保温、隔声、水电、暖通、节能、智能、内部高质量装修于一体的钢结构模块化建筑体系。因其自重较轻，且将大部分传统建筑装修工序转移至工厂完成，能够最大程度保证质量和安全的稳定性，实现快速搭建，在大型厂房、场馆、超高层建筑等领域具有良好的发展前景。

图 4-35 钢结构模块式建筑

二、钢结构模块式建筑特点

钢结构模块式建筑具有以下九大优势：

（1）质量优势：具有高韧性、高塑性的特点，且材质均匀，能够实现工厂化流水线生产，结构可靠性高。

（2）机械化程度高。

（3）综合成本降低。

（4）材料强度高，自身重量轻。

（5）混凝土用量少。

（6）可重复利用。

（7）绿色环保：能够降低粉尘污染。

（8）高抗震性能：抗震等级可达9～10级。

（9）整体性强：室内外精装修一步到位，为居住者带来极大的便利。

三、钢结构模块式建筑过程

安装流程：钢结构模块式建筑设计→工厂模块式制造、加工、组装→钢结构模块式建筑运输与安装。

四、钢结构模块式建筑发展现状及工程实例

目前，我国钢结构模块式建筑技术体系已基本成熟，初步形成了达到国际先进水平的关键核心技术，建成了一批国家级、省级示范城市、产业基地、技术研发中心，具有很好的发展优势，未来将成为建筑领域的主流形式。例如，雄安新区市民服务中心企业办公楼。

◆ 心得体会

除新型建筑方式——钢结构模块式建筑外，在钢结构建筑中还应用了很多的新技术、新工艺、新结构等。请学生查阅相关资料看看还有哪些创新，并介绍其中一种创新。

实训任务 门式刚架模型制作

一、制作要求

（1）请根据上述所讲图纸按 1 ：50 的比例制作门式刚架模型（图 4-36、图 4-37）。

（2）除刚架外，还应用有吊柱间支撑、屋面檩条、檩托板、隅撑等构件。

（3）表面喷漆模拟钢结构涂装。

（4）制作时间为 2 周。

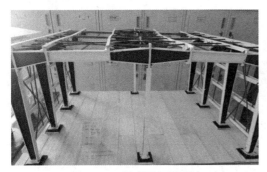 

图 4-36　门式刚架模型（一）　　　　图 4-37　门式刚架模型（二）

二、制作材料及工具

制作材料：

（1）3 mm 厚白色或灰色 PVC 板或卡纸若干（图 4-38），根据模型大小而定。

（2）美工刀（1 把）(图 4-39)。

（3）30 ～ 50 cm 钢直尺（1 把）(图 4-40)。

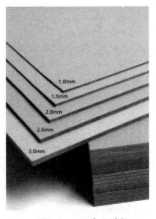 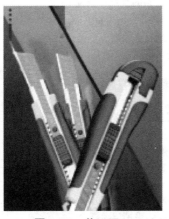 

图 4-38　灰纸板　　　　　图 4-39　美工刀　　　　　图 4-40　钢直尺

（4）白乳胶（1瓶）(图4-41）或热熔胶40支。

（5）自动喷漆（1罐)(图4-42），可根据各自爱好选色。

（6）筷子、竹签若干，充当直拉条、斜拉条和撑杆。

图4-41　白乳胶

图4-42　自动喷漆

三、成绩评定

门式刚架模型制作评价表见表4-7。

表4-7　门式刚架模型制作评价表

班级：　　　　　姓名：　　　　　学号：　　　　　得分：

序号	评价项目	评分标准	满分	得分	评价		
					自评20%	互评30%	师评50%
1	刚架制作	1. 刚架比例合理。 2. 钢柱和钢梁节点连接正确。 3. 钢梁连接板正确。 4. 有加劲板，并且正确。 5. 柱脚连接制作正确	45				
2	屋面系统	1. 水平支撑位置正确。 2. 檩条截面形式正确，且设置檩托。 3. 直拉条、斜拉条的数量和位置正确。 4. 设置隅撑，且位置正确	20				
3	墙面系统	1. 柱间支撑位置正确。 2. 墙梁截面形式正确，且设置檩托。 3. 直拉条、斜拉条的数量和位置正确。 4. 设置隅撑，且位置正确	15				
4	精美度	1. 模型喷漆； 2. 连接位置密封且露胶； 3. 模型整体干净、整洁、美观	20				

各项累计						
增值评价（5分）						
总评						

自我评价：

小组评价：

教师评价：

项目总结

一、钢结构设计图基本组成

（1）建筑施工图：建筑平面图、屋面平面图、建筑立面图、建筑剖面图；

（2）结构施工图：地脚螺栓布置图、刚架平面布置图、刚架详图、支撑布置图、屋面檩条布置图、屋面拉条布置图、墙面墙梁布置图、墙面拉条和撑杆布置图。

二、门式刚架结构的组成和作用

认识刚架、檩条、水平支撑、柱间支撑、墙梁、直拉条、斜拉条、隔撑、撑杆、刚性系杆、檩托，明确各构件的作用和代号。

三、门式刚架柱脚连接构造与识图

认识柱脚连接的组成，能区分铰接柱脚和刚接柱脚，门式刚架柱脚的识图。

四、门式刚架梁与刚架柱

门式刚架的构造和门式刚架的识图，刚架的识图职业活动训练。

五、水平支撑和柱间支撑构造与识图

支撑设置的构造要求，柔性支撑和刚性支撑的区分，支撑的识图职业活动训练。

六、檩条和墙梁构造与识图

屋面系统和墙面系统结构构造与组成，拉条和撑杆的布置与识图，隔撑的识图。

七、吊车梁构造与识图

吊车梁的组成，牛腿；吊车梁与柱的拉结，吊车梁的支座类型，吊车梁的制动桁架。

八、门式刚架模型制作

装配式钢结构门式刚架模型制作。

项目训练

班级		姓名		学号		日期	

任务书：

　　学习完柱脚连接的基本知识后，请结合附件中广西某玻璃厂生产车间厂房项目图纸（图 4-43～图 4-56），根据教师讲解相关内容，正确识读钢结构厂房的预埋螺栓布置图、柱脚详图，并完成下列任务。

　　识读图纸：识读广西某玻璃厂生产车间厂房项目图纸，与本识图训练相关的图纸包括钢柱及锚栓布置图和 GJ-1 图（柱脚的剖面图）。

学习目标：

　　能够说出柱脚的组成，能够正确熟读柱脚详图，培养学生严谨认真的识图态度。

　　引导问题 1：门式刚架图纸包括哪些内容？

　　引导问题 2：KZ1 预埋螺栓有＿＿＿＿根，直径是＿＿＿＿mm，每根螺栓有＿＿＿＿个螺母，＿＿＿＿个螺母垫板，预埋螺栓错位或预埋螺栓不垂直对柱脚的连接造成什么不良后果？

　　引导问题 3：KZ1 钢柱底板的尺寸是＿＿＿＿＿＿，钢柱底板与 H 型钢柱采用＿＿＿＿＿＿焊缝连接，焊缝的大小是＿＿＿＿＿＿。

　　引导问题 4：钢柱底板和基础表面间的 50 mm 细石混凝土的作用什么？如果钢柱底板和基础直接接触对结构会有什么不良影响？

　　引导问题 5：KZ1 图中柱底焊接抗剪键，在基础顶面预留开槽，请问抗剪键的作用是什么？不设置会产生怎样的不良后果？

　　引导问题 6：各参建单位（建设单位、监理单位、施工单位等相关单位）在收到施工图审查机构审查合格的施工图设计文件后，需要熟悉施工图，了解工程情况和图纸设计中的错误、矛盾、交代不清楚、设计不合理等问题，尽可能将这些问题及时提出来，进行图纸会审。请学生查阅相关资料简述图纸会审的步骤和要点。

班级		姓名		学号		日期	

任务书：

学习完刚架梁和刚架柱的基本知识后，请结合附件广西某玻璃厂生产车间厂房项目图纸，根据教师讲解相关内容，正确识读钢结构厂房的刚架图和相关剖面图，并完成下列任务。

识读图纸：识读广西某玻璃厂生产车间厂房项目图纸，与本识图训练相关的图纸包括 GJ-1 图（山墙位置刚架，有抗风柱）和 GJ-2 图（中间刚架，无抗风柱）。

学习目标：

能够正确识读刚架梁和刚架柱的尺寸和连接方式，能正确识读刚架详图，培养学生严谨认真的识图态度。

引导问题 1：刚架梁的尺寸_____。刚架柱的尺寸_____。

引导问题 2：GJ-2 图中 2-2 剖面图中梁的端板的尺寸是_____，梁与端板采用_____连接方式连接。梁的连接板后的三角形肋板的尺寸是_____，三角形肋板与梁的连接板是通过_____焊缝连接，焊缝的焊脚尺寸是_____mm。

引导问题 3：GJ-2 图中 2-2 为屋面连接的剖面图，每段梁的端板之间采用螺栓连接，每个连接位置螺栓有_____个。螺栓直径为_____mm，螺栓连接的孔径为_____mm。

引导问题 4：门式刚架的跨度是_____m。

引导问题 5：判断刚架柱为格构式柱还是实腹式柱，如何判断？

引导问题 6：GJ-2 图中 3-3 为屋脊处梁与梁的连接板，板的厚度为_____mm，采用的螺栓有_____个。

引导问题 7：GJ-2 图中 1-1 剖面图为 GJ 梁和刚架柱的连接板详图，从详图可知连接板的尺寸是_____。螺栓连接中螺栓有_____个。螺栓直径为_____mm，螺栓连接的孔径为_____mm。连接板中部的肋板的尺寸是_____，采用_____连接方式，连接尺寸是_____mm。

引导问题 8：GJ-2 图中①号详图两块板进行开坡处理，请问为什么开坡？开坡的构造要求是什么？

引导问题 9：GJ-2 图中 4-4 剖面图和 5-5 剖面图为牛腿详图，请根据图纸简述牛腿的组成。

班级		姓名		学号		日期	

任务书：

学习完水平支撑和柱间支撑的基本知识后，请结合附件广西某玻璃厂生产车间厂房项目图纸，根据教师讲解相关内容，正确识读钢结构厂房的水平支撑、柱间支撑的布置图和相关详图，并完成下列问题。

识读图纸：识读广西某玻璃生产车间厂房项目图纸，与本识图训练相关的图纸包括钢屋架结构布置图、柱间支撑详图、刚性系杆大样图、水平支撑大样图。

学习目标：

能够正确识读水平支撑、柱间支撑的布置图和相关详图，培养学生严谨认真的识图态度。

引导问题1：简述柱间支撑和水平支撑的作用。如果某门式刚架的长度为65 m，请问是不是可以不设置柱间支撑，并说明理由。

引导问题2：从水平支撑大样图可以识读截面尺寸是_____，从刚性系杆大样图可以识读刚性系杆的截面尺寸是_____。

引导问题3：从构件截面表识得柱间支撑的截面尺寸是_____。本项目设置_____对柱间支撑，水平支撑有对_____，刚性系杆需要_____根。

引导问题4：柱间支撑有柔性支撑和刚性支撑两大类，请问本项目的柱间支撑属于柔性支撑还是刚性支撑？无论是柔性水平支撑还是柔性柱间支撑都有花篮螺栓，请问花篮螺栓的作用是什么？

引导问题5：柱间支撑双角钢中间的小夹板的尺寸是_____。柱间支撑中间连接板安装螺栓直径为_____mm，螺栓孔径为_____mm，安装后采用_____焊接方式进行现场焊接。

项目训练四　檩条和墙梁的识图

班级		姓名		学号		日期	

任务书：

学习完檩条和墙梁的基本知识后，请结合附件广西某玻璃厂生产车间厂房项目图纸，根据教师讲解相关内容，正确识读钢结构厂房的屋面系统和墙面系统的相关图纸，并完成下列任务。

识读图纸：识读广西某玻璃厂生产车间厂房项目图纸，与本识图训练相关的图纸包括屋架檩条布置图、墙梁布置图、檩条大样图、墙梁大样图、拉条大样图。

学习目标：

能够正确识读屋面檩条和墙面檩条图，培养学生严谨认真的识图态度。

引导问题 1：屋面檩条、墙面檩条、直拉条、斜拉条、撑杆、檩托、隅撑的作用是什么？

引导问题 2：在屋面檩条、直拉条等布置图中直拉条和撑杆的位置很相近，很多学生在识图过程中，经常把撑杆与直拉条混淆，请想一想：如果把撑杆换成直拉条，对屋面系统会有什么不同的后果？

引导问题 3：屋面直拉条的截面尺寸________，墙梁的截面尺寸________，斜拉条的截面尺寸________，撑杆的截面尺寸________，檩托的截面形式________。

引导问题 4：数一数屋面直拉条有________根，檩条有________根，斜拉条有________根，撑杆有________根。

引导问题 5：请绘制墙梁安装的檩托和屋面檩条的檩托，并标注截面尺寸。

引导问题 6：请仔细识图，同一节点直拉条的中心间距是________mm。想一想：如果直拉条的穿孔的中心间距过小，会产生怎样的不良后果？

附件：广西某玻璃厂生产车间项目钢结构门式刚架结构施工图

结构设计说明

1. 本工程结构设计文件中，全部尺寸单位除注明外，均以毫米（mm）为单位，标高则以米（m）为单位。
2. 本工程建筑的场地类别为Ⅱ类。混凝土结构环境类别：±0.000以上为一类，±0.000以下为二a类。
3. 本工程建筑结构安全等级二级；主体结构合理使用年限：25年。
4. 本工程建筑抗震设防类别为丙类；抗震设防烈度6度，设计基本地震加速度值0.05 g，设计地震分组为第一组；按抗震设防烈度6度采取抗震措施。
5. 本设计选用主要的有关规范：(包括其相应的局部条文修改)
(1)《建筑结构荷载规范》(GB 50009-2012)；
(2)《钢结构设计标准》(GB 50017-2017)；
(3)《建筑抗震设计规范（2016年版）》(GB 50011-2010)；
(4)《门式刚架轻型房屋钢结构技术规范》(GB 51022-2015)；
(5)《混凝土结构设计规范（2015年版）》(GB 50010-2010)；
(6)《建筑地基基础设计规范》(GB 50007-2011)；
(7)《砌体结构设计规范》(GB 50003-2011)；
(8)《建筑结构可靠性设计统一标准》(GB 50068-2018)；
(8)《钢结构焊接规范》(GB 50661-2011)；
(9)《钢结构高强度螺栓连接技术规程》(JGJ 82-2011)。
无规定的部分执行经设计与有关各方面协商同意的其他现行有关国家行业标准规范。
6. 设计荷载：
6.1基本风压：0.35 kN/m²；地面粗糙度类别为B类。
6.2屋面使用荷载(标准值)：屋面恒荷载：0.30 kN/m²。(彩色钢板夹聚苯乙烯保温板50 mm厚+檩条+支撑)。
屋面板自重设计要求小于或等于0.15 kN/m²。
屋面活荷载：0.30 kN/m²；计算檩条取0.50 kN/m²。
檩条施工或检修集中荷载限值1.0 kN/根。
7. 钢材：除图中特别注明外，梁、柱框架系统的主要构件及加劲板均采用Q345钢，承重结构采用的钢材应具有屈服强度、抗拉强度、断后伸长率和硫、磷含量的合格保证，对焊接结构尚应具有碳当量的合格保证。焊接承重结构以及重要的非焊接承重结构采用的钢材应具有冷弯实验的合格保证;对直接承受动力荷载或需要验算疲劳的构件所用的钢材尚应具有冲击韧性的合格保证。
8. 本工程所采用的钢材除满足国家材料规范要求外，地震区尚应满足下列要求：钢材的屈服强度实测值与抗拉强度实测值的比值不应大于0.85；钢材应具有明显的屈服台阶，且伸长率不应大于20%；钢材应有良好的焊接性和合格的冲击韧性。
9. 除特别注明外，所有结构用加劲板,连接板一律为8 mm厚。
10. 焊接材料：分别按下表选用焊条和焊丝。

焊接方法 / 钢号	手工焊	埋弧自动焊	CO2气体保护焊	备注
Q235-B、F	E43XX	HJ401-H08(H08A)	H08Mn2Si	CO2气体纯度99.7% 含水率≤0.05
Q345-B	E50XX	HJ402-H08A	H08Mn2Si	

11. 高强度螺栓采用摩擦型高强度螺栓，性能等级为10.9级；其质量应符合现行《钢结构设计标准》(GB 50017-2017)第4.2.2.3条相关规定。高强度螺栓结合面不得涂漆，采用喷砂（丸）处理法，摩擦面抗滑移系数应达到0.45以上。
12. 檩条、墙梁与刚架梁、柱连接采用普通螺栓均采用Q345钢制作,其质量应符合现行《钢结构设计标准》(GB 50017-2017)第4.2.2.1条相关规定。
12.1 柱脚所用的锚栓及钢板均Q345钢制作，其质量等级不宜低于B级，并应符合现行《钢结构设计标准》(GB 50017-2017)第4.3.4及第4.3.9条相关规定。
12.2 所有螺栓连接应采用自锁防松螺母或双采用双螺母或其他相关防松构造措施。
13. 檩条：基材强度：钢材最小屈服强度345 N/mm，采用连续热浸镀锌处理，檩条滚压成型，自动冲孔裁切。双面镀锌量≥275 g/m²。
14. 高强度螺栓应采用钻成孔（可冲成小孔径然后扩钻），孔径比螺栓公称直径大1.5 mm。
15. 必须等混凝土基础达到设计强度70%方可进行钢结构安装。
16. 焊缝质量等级：
(1)除注明外，所有构件拼接焊缝、端板与梁翼缘处的坡口焊缝、端板与柱翼缘及腹板处的坡口焊缝应符合二级质量标准。角焊缝质量等级三级，其外观质量需符合《钢结构工程施工质量验收标准》(GB 50205-2020)二级焊缝的规定。吊车梁焊缝要求详吊车梁设计说明。
(2)因长度原因板件需要拼接时其对接焊缝均应焊透，焊缝质量等级为二级；同一个构件的翼缘板与腹板拼接焊缝应相互错开，错开长度不小于200 mm。
(3)对于二级焊缝：板厚度≥8 mm时，应按二级焊缝做超声波探伤检测，板厚度<8 mm时，仅按二级标准做外观检查。
(4)未注明的非等强熔透焊缝质量等级均为三级，角焊缝质量等级均为三级。
17. 在运输及操作过程中要防止构件变形和损坏，严禁在安装好的构件上随意设置吊挂恒载的支架或加载点或施加临时荷载，以免造成构件损坏或变形增大。
18. 结构安装前应对构件进行全面检查：如构件的数量、长度、垂直度，安装接头处螺栓孔之间的尺寸是否符合设计要求，同时结构吊装时，应采取有效措施，防止产生过大变形。
19. 结构吊装就位后，应及时系牢连系构件，保证结构的稳定性；结构安装完成后，应详细检查运输、安装过程中的擦伤，并补刷油漆，对所有的连接螺栓应逐一检查，以防漏拧或松动。
20. 钢结构安装前，必须对构件进行详细检查，构件外形尺寸、螺孔位置及直径、连接件位置及角度、焊缝、高强度螺栓节点、摩擦面加工质量等均应达到施工图的技术要求。
21. 门式刚架轻型房屋钢结构在安装过程中，应根据设计和施工工况要求，采取措施保证结构整体稳固性。
22. 涂装：
(1)除锈：除镀锌构件外，钢构件制作前表面均应进行喷砂（抛丸）除锈处理，不得手工除锈，除锈质量等级应达到《涂覆涂料前钢材表面处理 表面清洁度的目视评定》(GB/T 8923.1-2011)中Sa2级标准。
(2)涂漆：底漆为两道环氧类防腐漆，面漆为两道环氧类防腐漆，漆膜总厚度不小于200 μm。其中一道面漆应在安装完成后工地涂制。（高强度螺栓结合处摩擦面不得涂漆）
(3)全部钢结构构件防腐年限为5年。
(4)钢构件表面应做防火涂料喷涂处理，所喷涂的防火涂料厚度及性能应满足现行的防火规范要求。

项目名称	广西××玻璃厂生产车间		
图名	基础平面布置图	图号	结施01

图 4-43　结构设计说明

结构设计说明

23. 涂漆时应注意，凡属高强度螺栓连接范围内，不允许涂这刷油漆或有油污，并按规范要求，摩擦面的摩擦系数应达到0.45以上。

24. 砌体部分：

(1) 填充墙的砌筑，均应满足相应砌体结构的有关施工规定。砌体施工质量控制等级为B级。

(2) 标高±0.000以下砌体：MU10页岩烧多孔砖(砖孔灌浆)，M10水泥砂浆砌筑。室内地面以上砌筑：MU10页岩烧结多孔砖，M5混合砂浆砌筑。

(3) 钢筋混凝土构造柱(编号GZ)，位置另见结构或建筑平面图。构造柱应先砌墙后浇筑，马牙槎，马牙槎每边进60 mm，每600 mm设一个，砌墙时沿墙高每隔500 mm设2Φ6钢筋，且墙长≥1/5墙长，并与柱联结，柱内钢筋锚入梁或柱或基础梁，构造柱主筋详见及配筋详图一。

(4) 构造柱支承于梁或混凝土顶面时，顶部伸入梁内搭接，搭接长度为34d，但有条件尽量长，做法以1。

(5) 非承重墙应沿墙高每隔500置2Φ6拉结筋与柱连结，且沿墙全长设置。并采取柔性做法，拉结筋做法参见图(二)。与主题结构刚性连接详图(二)填充墙构造详图见国标图集《砌体结构构造详图》(10SG614-2)页25。

(6) 填充墙与钢筋混凝土构件相连接处，应在交接处双面粉饰层内，设置通长钢板网片，宽度为600，以两种材料的分界线为中线，居中布置。

(7) 钢筋混凝土构造柱及砖墙顶混凝土强度等级为C25。

25. 施工要求：

(1) 本工程所用的材料，其性能、规格及化学成分等，均应符合现行有效的国家及当地的相关标准。规定及交通知等文件，若需以其他材料或型号替代，则应经过代用计算，并应以得业主及本院有关工程师的认可。特殊情况，应与设计方共同研究解决。

(2) 施工中遇有与有关施工标准或本说明中的要求，遵需要表示见有关电施图。

(3) 本工程防雷接地施工应注意隐蔽工程验收前完成。防雷接地的做法见相关图。

(4) 未经设计许可，有关各方均不得在结构上墙冲荷载。

26. 应配合建筑、水电图施工及顶理详。

27. 设计图中所注的±0.000由施工时在现场确定。

28. 所有钢构制作准，若发现图纸尺寸有误或连接节点不当，应及时与设计人员联系解决。

29. 设计中所注构件制作详须按1：1比例放样，构件尺寸以实际放样尺寸为准。屋面：屋面板选用蓝色单层压型钢瓦板规格为：厚度0.476 mm。屋面板与檩条采用自攻螺钉连接。

30. 外墙面：外墙板选用象牙白色单层压型钢板规格为：厚度0.476 mm。外墙板与墙面自攻螺条连接采用带防水胶垫自攻螺钉连接。

31. 屋面及墙面板材料性能：

(1) 采用彩色镀锌基层钢板的屋面及墙面板力学性能应符合现行国家标准《建筑用压型钢板》(GB/T 12755-2008)的要求，基板屈服强度不应小于350 N/mm²，对扣合式连接采用屈服强度不应小于500 N/mm²。

(2) 采用热镀锌基板钢板的镀锌量不应小于275 N/m²，并应采用合现行有效的国家及当地的镀铝锌的镀铝锌量不应小于150 N/m²，并符合现行国家标准《彩色涂层钢板及钢带》(GB/T 12754-2019)及《连续热镀铝锌合金镀层钢板及钢带》(GB/T 2518-2019)的要求。

32. 固定件：采用自攻螺钉应经镀锌处理，螺钉的帽垫用尼龙头覆盖，且尾能够自行钻孔固定在钢结构上。

33. 止水胶泥：应使用中性止水胶泥。

34. 本设计电动单梁吊车采用中相关数据参考[《门式钢架轻型房屋钢结构》(19G518-3)]北京起重运输机械研究所所相关数据。如本工程使用的设备与设计不符，应以设备厂家数据为准，施工前另行通知与设计修改相关图纸。

项目名称	广西××玻璃厂生产车间		
图名	基础平面布置图	图号	结施02
	结构设计说明		

图4-43 结构设计说明（续）

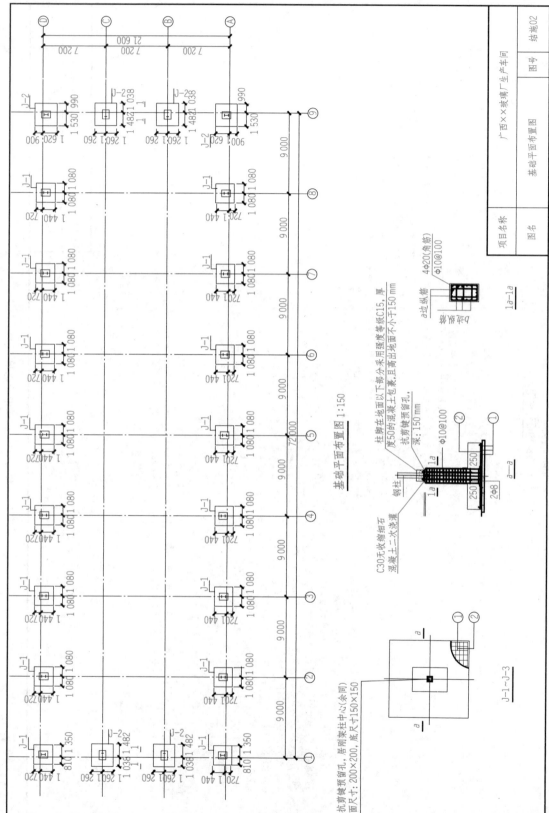

图4-44 基础平面布置图

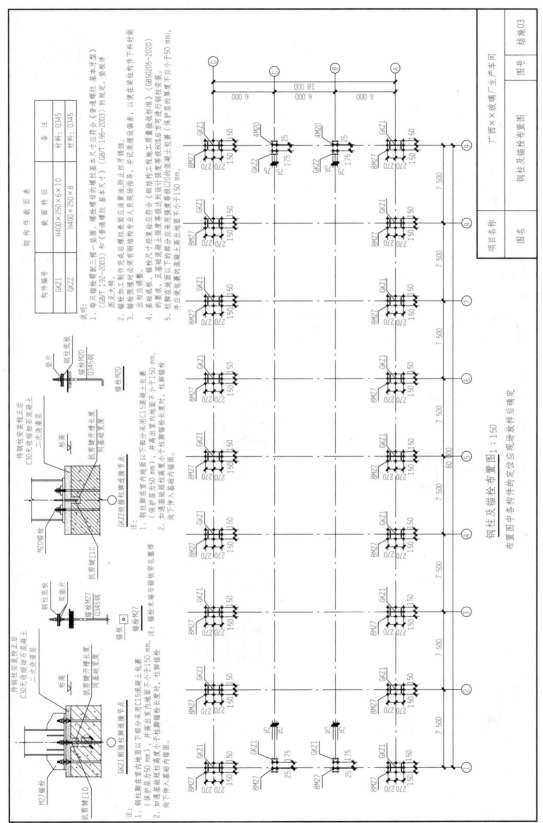

图4-45　钢柱及锚栓布置图

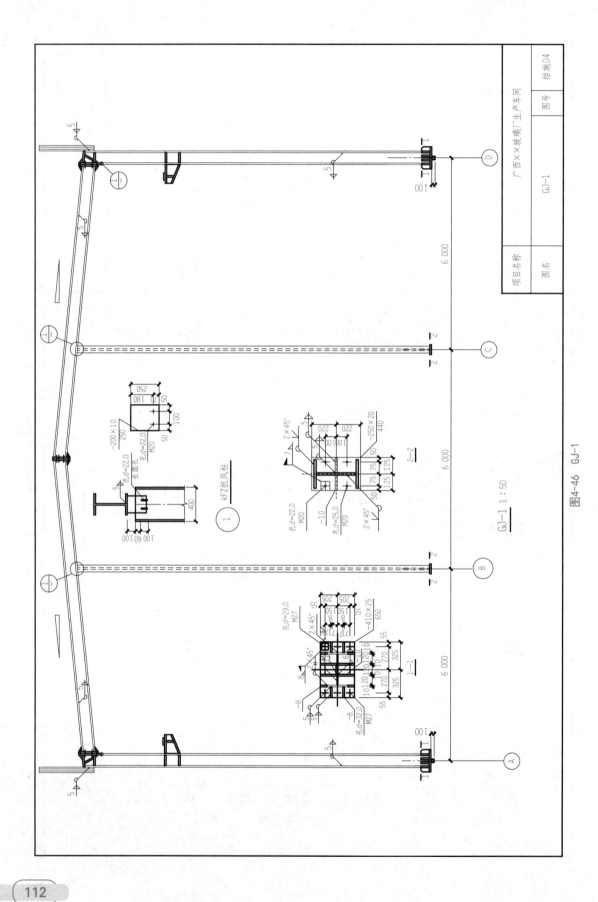

图4-46 GJ-1

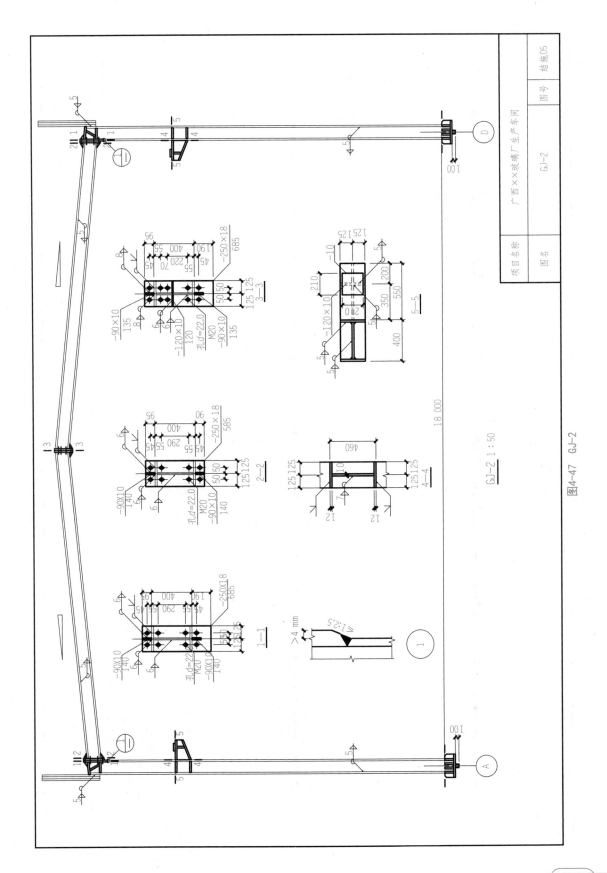

图4-47 GJ-2

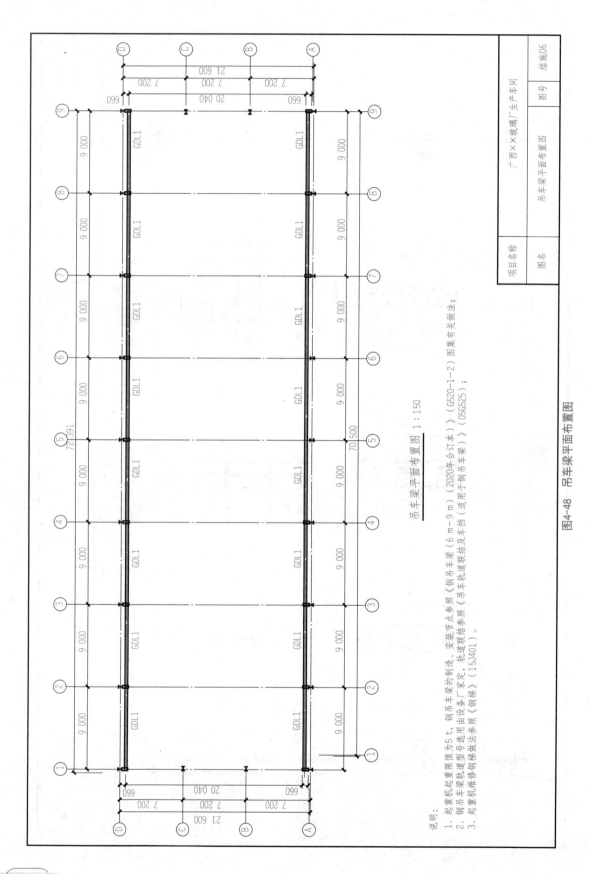

吊车梁平面布置图 1:150

说明：
1. 起重机起重限值为5 t，钢吊车梁的制造、安装节点参照《钢吊车梁（6 m～9 m）（2020年合订本）》（G520-1~2）图集有关做法；
2. 钢吊车梁轨道梁由设备厂家定，轨道联结及车挡《吊车轨道联结及车挡（适用于钢吊车梁）》（05G525）；
3. 起重机维修钢梯做法参照《钢梯》（15J401）。

图4-48 吊车梁平面布置图

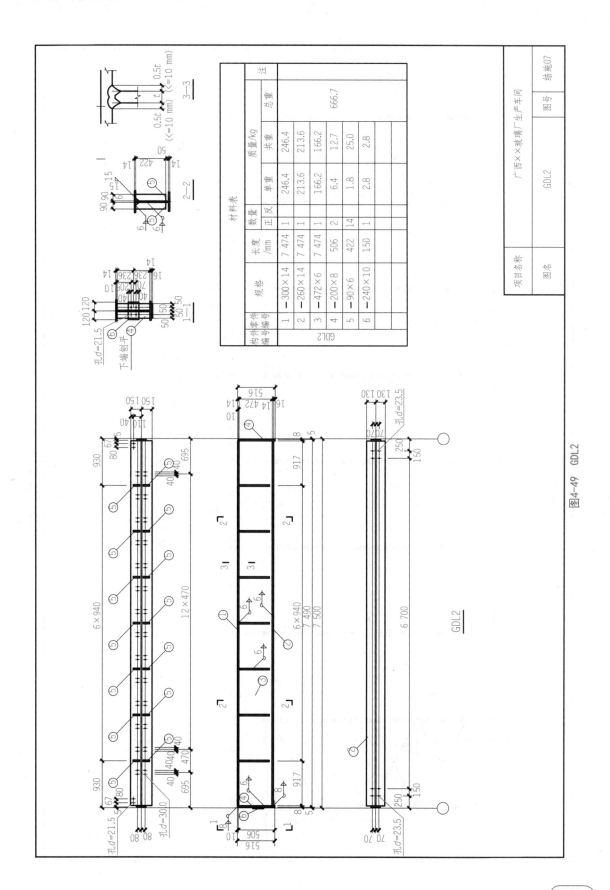

图4-49 GDL2

材料表

构件编号	零件编号	规格	长度/mm	数量 正反	数量 共	质量/kg 单重	质量/kg 共重	总重	注
GDL2	1	—300×14	7 474	1		246.4	246.4		
	2	—260×14	7 474	1		213.6	213.6		
	3	—472×6	7 474	1		166.2	166.2	666.7	
	4	—200×8	506	2		6.4	12.7		
	5	—90×6	422	14		1.8	25.0		
	6	—240×10	150	1		2.8	2.8		

项目名称		广西××玻璃厂生产车间	
图名		GDL2	图号
			结施07

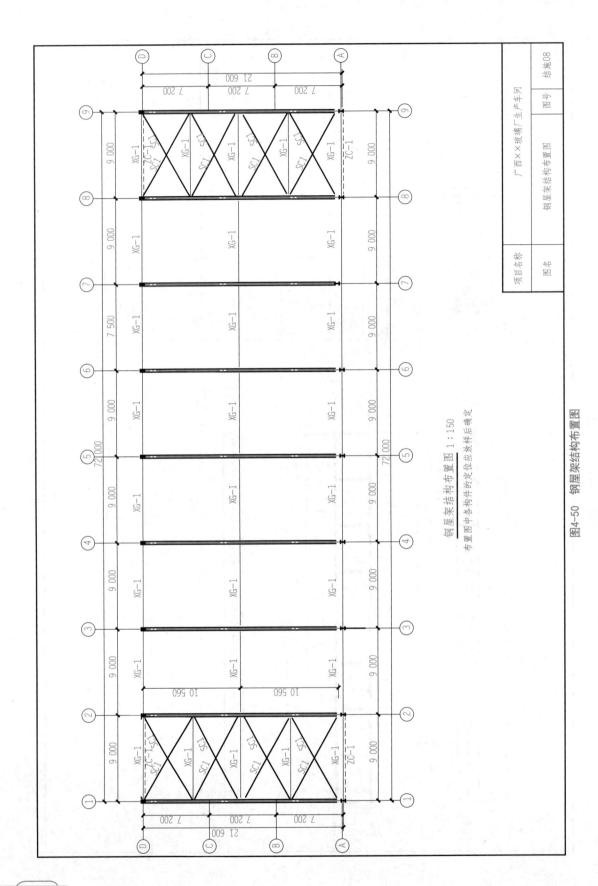

钢屋架结构布置图 1:150
布置图中各构件的定位应放样后确定

图4-50　钢屋架结构布置图

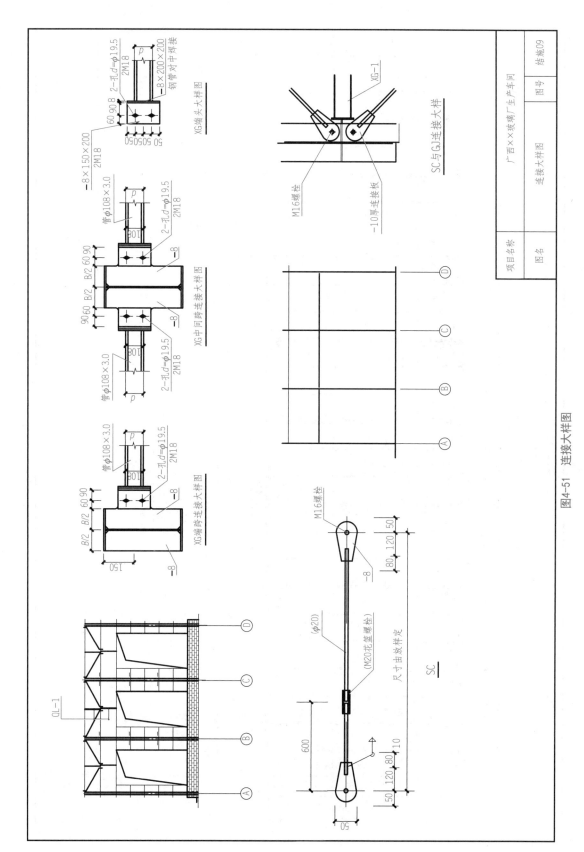

图4-51 连接大样图

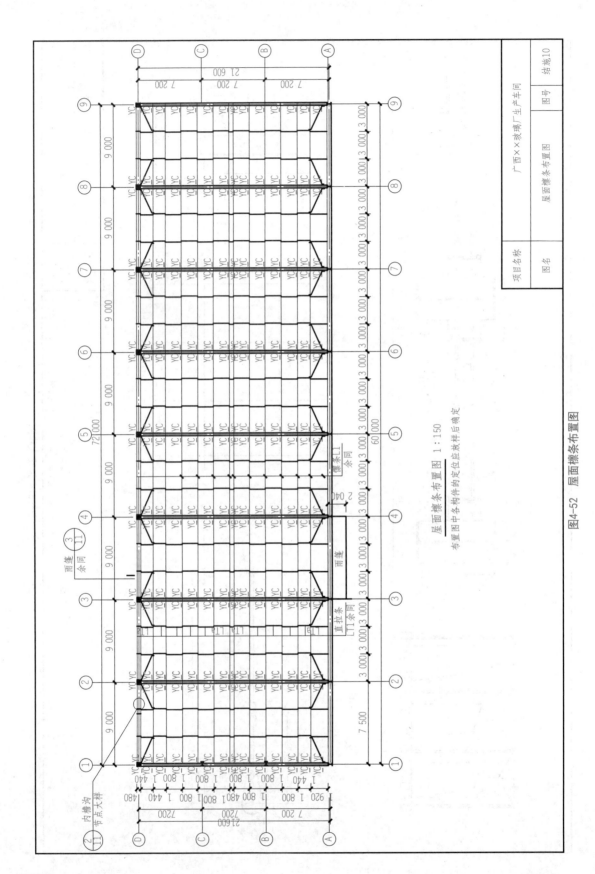

屋面檩条布置图 1:150
布置图中各构件的定位应放样后确定

图4-52 屋面檩条布置图

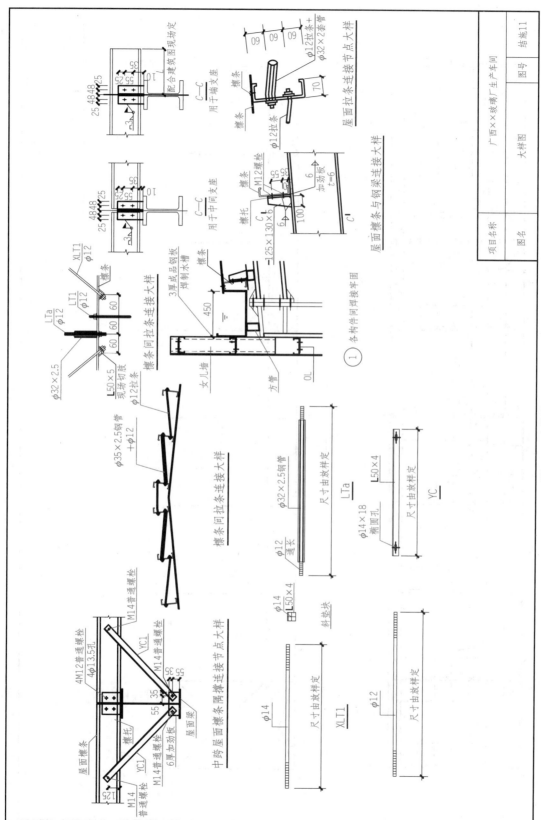

图4-53 大样图

大样图

项目名称		广西××玻璃厂生产车间	
图名		大样图	图号	结施11

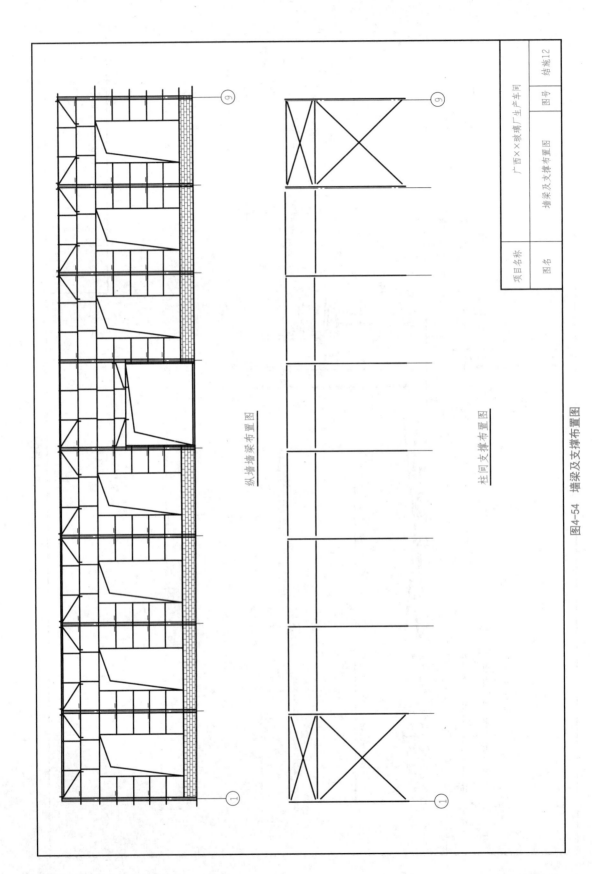

纵墙墙梁布置图

柱间支撑布置图

项目名称	广西××玻璃厂生产车间		
图名	墙梁及支撑布置图	图号	结施12

图4-54 墙梁及支撑布置图

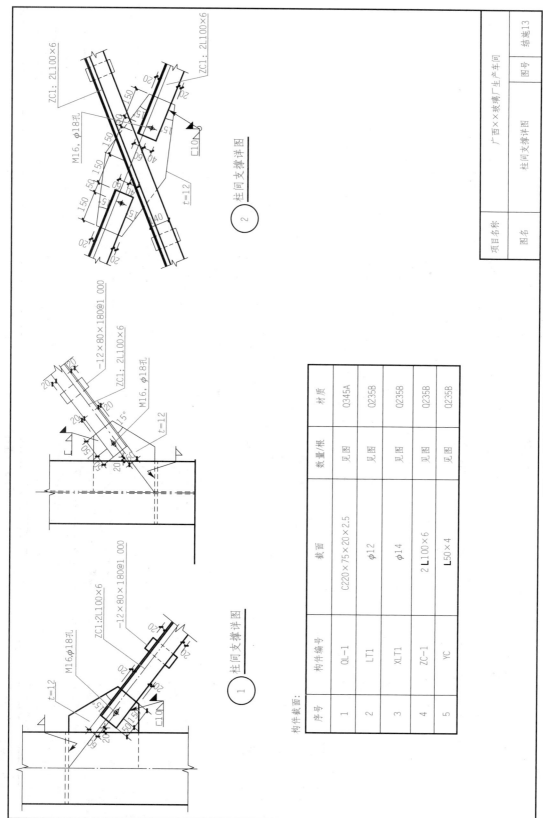

构件截面：

序号	构件编号	截面	数量/根	材质
1	QL-1	C220×75×20×2.5	见图	Q345A
2	LT1	φ12	见图	Q235B
3	XLT1	φ14	见图	Q235B
4	ZC-1	2 L100×6	见图	Q235B
5	YC	L50×4	见图	Q235B

图4-55 柱间支撑详图

项目名称	广西××玻璃厂生产车间		图号	结施13
图名	柱间支撑详图			

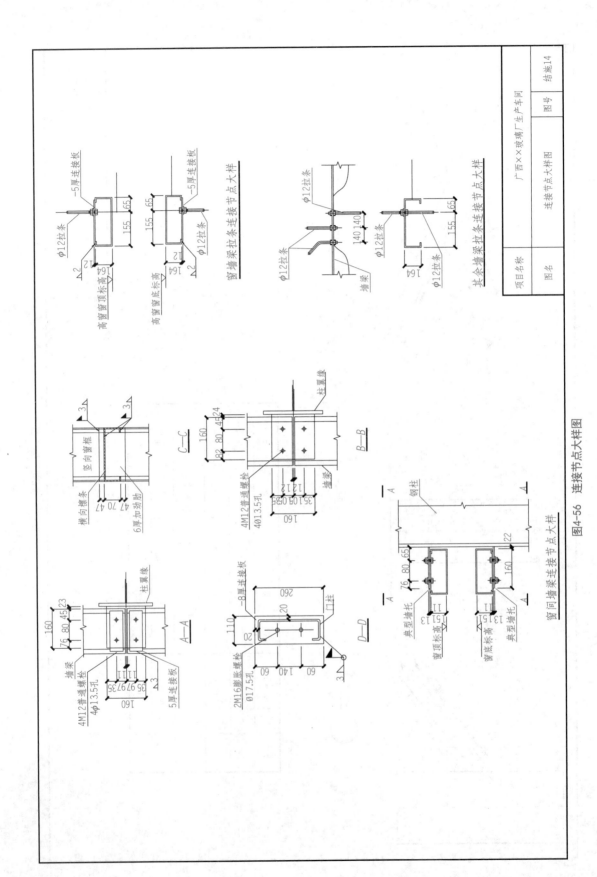

图4-56　连接节点大样图

项目五　装配式多层及高层钢结构构造与识图

 项目目标

知识目标

（1）学会区分各类柱脚，并阐述其特点；

（2）阐述柱拼接、梁柱拼接、梁梁拼接、撑杆连接的构造特点；

（3）说出钢框架结构施工图的组成。

能力目标

（1）能够正确识读装配式钢框架结构施工图；

（2）能够正确识读柱脚、柱拼接、梁柱拼接、梁梁拼接、撑杆连接的图纸；

（3）能够正确地分析钢框架结构图纸存在的问题，并提出改进方案。

素养目标

（1）具备严谨认真的职业精神和规范意识；

（2）培养学生正确的价值观和社会观，明确职业道德的底线；

（3）培养学生吃苦耐劳的工匠精神。

项目描述

　　本项目为某学校四层钢框架办公楼项目（图 5-1），项目按照国家建筑标准设计参考《多、高层民用建筑钢结构节点构造详图》（16G519）和《〈高层民用建筑钢结构技术规程〉图示》（16G108-7）中多、高层民用建筑钢结构施工图的相关知识，以真实项目某学校四层办公楼钢框架结构项目（见附件，图 5-33～图 5-47）为载体，学习多、高层民用建筑图纸的基本组成、柱脚的构造和识图、刚架柱工地和工厂拼接的构造和识图、梁柱节点的构造和识图、主次梁节点的构造、支撑杆与框架节点的连接、四层钢框架办公楼真实图纸的实例识读。

图 5-1　某学校钢框架办公楼效果图

钢框架结构柱脚识图与构造、柱拼接节点、梁柱拼接节点、主次梁节点、支撑节点连接识图。

◆ 案例引入 ◆ 《钢结构助力冬奥会绿色建筑》

2022年冬奥会在我国顺利召开，其中，冬奥村住宅主楼的结构形式选用了装配式钢结构，整个工程钢构件总用钢量近14 000 t，使用装配式钢结构防屈曲钢板剪力墙1 298块，采用钢板与混凝土相结合的组合式墙柱体系，所有结构构件均在专业工厂制作完成，精度高、质量有保证，避免以往现场混凝土搅拌所带来的环境污染；施工过程无须支模，多个作业面同时展开施工，互不干扰，大大加快了施工进度。在使用功能方面，空间优势明显，住宅平面规整、户内柱少，便于装修，从而为户型转换创造了便利条件（图5-2）。

图5-2 奥运村的工程主体钢框架结构

经济性方面，该体系造价优势明显，与传统混凝土结构相比，结构自重减轻30%以上，基础造价可节约15%～25%。另外，钢结构本身具有较好的延性，在抗震设防烈度较高的地区，可显著降低地震的危险程度，经济效益尤为突出。正因如此，这一体系得到了社会各界尤其是建筑科技领域专家的高度认可和充分肯定，目前，装配式-防屈曲钢板剪力墙设计与施工技术已达到国际先进水平。

北京冬奥村外围护系统采用层间装配式半单元幕墙，既保证了幕墙安装的精准度，又实现了建筑灵动、富于跳跃变化的艺术美感。

在施工过程中，该工程充分利用BIM技术实现了对设计信息的管理，可以为采购、生产、运输、施工、验收的建造全过程提供正确有效的信息，在确保质量的同时，减少交叉施工造成的冲突与损耗，收到很好的节能降耗的效果。

特别值得一提的是，北京冬奥村智能化系统功能强大，科技含量高，除包含传统的安防、监控、报警等系统外，还包含完善的智能人居系统，实现5G光纤入户，可以根据住户的生活习惯，实现智能灯光控制、新风空调联动、温湿度及空气质量智能调节等，并且水、电、热等能耗均通过网络无线远传至智慧社区云平台，在体验舒适的居住环境的同时，达到绿色节能的目的。

★ 请学生查阅资料，说一说北京冬奥村的建筑采用了哪些绿色新技术？

《民用建筑设计统一标准》（GB 50352—2019）将住宅建筑依建筑高度划分为，不大于27.0 m的为低层或多层民用建筑，大于27.0 m且不大于100.0 m的为高层民用建筑，超过100.0 m的为超高层民用建筑。多层及高层的钢结构主要采用型钢、钢板连接或焊接成构件，再经连接、焊接而成的结构体系。

一、多层及高层钢结构的结构类型

多层及高层钢结构与单层钢结构建筑相反，所承受的风荷载和地震荷载随房屋高度的增大而变得越来越重要。因此，对多层钢结构建筑来说，如何有效地承受水平力是考虑结构组成的一个重要问题。在风力作用下，不仅应该有足够的承载能力，还应该有安全稳定的刚度，使顶上几层不至有过大的摆动，给人们以不适的感觉。多层及高层结构体系包括框架结构、框架支撑结构、框架架力墙体系、筒体结构、巨型框架结构等。

1. 框架结构体系

钢框架结构体系是指沿建筑物的纵向和横向，均采用框架作为承重和抗侧力的结构体系，如图 5-3 所示。框架中钢梁和钢柱的连接可以是刚接、半刚接，但不宜全部采用铰接。该结构形式的承载能力和抗侧力均由刚接框架提供，特别适用于柱距较大而又无法设置支撑的结构。框架结构平面布置灵活多样，无须承重墙，为建筑提供较大的室内空间。同时，建筑功能易于满足，空间使用比较方便灵活，建筑立面设计也比较自由，结构的构件易于标准化生产，便于施工。

它的适用范围不超过 20 ～ 30 层。梁和柱之间应做成刚性连接。层数不超过 10 ～ 15 层时，也可考虑采用半刚性连接。

图 5-3　钢结构框架结构体系

2. 框架支撑结构体系

框架支撑结构体系是在框架体系中沿结构的纵、横两个方向均匀布置一定数量的支撑所形成的结构体系。支撑体系的布置由建筑要求及结构功能来确定。支撑类型的选择与是否抗震有关，也与建筑的层高、柱距及建筑使用要求有关。

框架支撑结构包括框架－中心支撑结构、框架－偏心支撑结构、框架－屈曲约束支撑。

房屋高度不超过 50 m 的钢结构宜采用钢框架、钢框架－中心支撑或其他体系的结构；超过 50 m 的高层民用建筑，8、9 度抗震设防烈度以采用框架－偏心支撑结构、框架－延性墙板或屈曲约束支撑等结构。高层民用建筑钢结构不应采用单跨框架结构。

钢框架支撑结构体系见表 5-1。

表 5-1　钢框架支撑结构体系

钢框架支撑结构体系	简介
中心支撑	中心支撑是指斜杆、横梁及柱汇交于一点的支撑体系，或两根斜杆与横杆汇交于一点，也可与柱子汇交于一点，但汇交时均无偏心距。可形成十字交叉斜杆、单斜杆、人字形斜杆、K 形斜杆、V 形斜杆等支撑类型（图 1） 图 1　中心支撑 （a）十字交叉斜杆；（b）单斜杆；（c）人字形斜杆
偏心支撑	偏心支撑是指支撑斜杆的两端，至少有一端与梁相交（不在柱节点处），另一端可在梁与柱交点处连接，或偏离另一根支撑斜杆一段长度与梁连接，并在斜杆与梁交点至柱之间或至同一跨内另一斜杆与梁交点之间，形成消能梁段。偏心支撑包括人字形偏心支撑、V 形偏心支撑、八字形偏心支撑、单斜杆偏心支撑等（图 2） 图 2　偏心支撑 （a）偏心支撑示意；（b）八字形偏心支撑
屈曲约束支撑	屈曲约束支撑的主要特点是通过外加套筒，约束支撑不发生屈曲，且保护梁柱构件不破坏，支撑刚度和强度完全发挥。采用屈曲约束支撑时，宜采用人字支撑、成对布置的单斜杆支撑等形式，不应采用 K 形或 X 形，支撑与柱夹角宜在 35°～55°（图 3） 图 3　屈曲约束支撑 （a）单斜杆屈曲约束支撑；（b）人字支撑屈曲约束支撑

3. 框架剪力墙体系

钢框架剪力墙体系是将钢框架支撑体系中的支撑换成了抗侧刚度更大的剪力墙，剪力墙承担80%～85%的水平力，以钢框架为主体，并配置一定数量的剪力墙板（图5-4）。剪力墙板的主要类型有钢板剪力墙板、内藏钢板支撑剪力墙墙板、带竖缝钢筋混凝土剪力墙板。其适用的建筑层数比钢框架支撑体系更高。

4. 筒体结构

钢框架核心筒结构与钢框架剪力墙结构类似，只是将剪力墙做成封闭的核心内筒，而钢框架在外围（图5-5）。该体系能承担的水平力更高，接近90%，60层以上的钢结构建筑采用筒式结构比较经济，房屋周围四个面都组成架，成为刚度很大的空间桁架体系。这种结构已经有效地用于110层的高耸房屋。筒式结构也可以不设置斜撑，而在周围四个面中把柱子排列较密，形成空间刚架式筒体。它可以用到80层高度。筒式结构内部还可以利用电梯井做成内筒，与外筒共同承受水平力，中间其他柱子则只承受竖向荷载。

图5-4　框架剪力墙结构

图5-5　钢框架核心筒

5. 巨型框架结构

巨型框架体系是由柱距较大的立体桁架梁柱及立体桁架梁构成的。

二、民用建筑钢结构使用高度

非抗震设计和抗震设防烈度为6度至9度的乙类和丙类高层民用建筑钢结构适用的最大高度应符合表5-2的规定。

表5-2　高层民用建筑钢结构适用的最大高度　　　　　　　　　　　　　　m

结构体系	6度 7度（0.10g）	7度（0.15g）	8度		9度（0.40g）	非抗震设计
			（0.20g）	（0.30g）		
框架	110	90	90	70	50	110
框架－中心支撑	220	200	1800	150	120	240
框架－偏心支撑 框架－屈服约束支撑 框架－延性墙板	240	220	200	180	160	260
筒体（框筒、筒中筒、桁架筒、束筒） 巨型框架	300	280	260	240	180	360

一、柱脚简介

根据钢柱柱脚的受力，柱脚可分为两种形式，一种是铰接柱脚；另一种是刚接柱脚，如图 5-6 ～图 5-8 所示。铰接柱脚一般用于不带起重机的轻型门式刚架，或者承受荷载较小的钢平台。刚接柱脚一般用于 5 t 以上桥式起重机的门式刚架结构和规模荷载较大的钢框架结构。

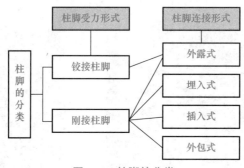

图 5-6　柱脚的分类

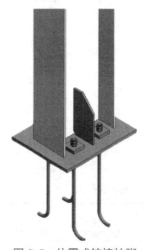

图 5-7　外露式铰接柱脚

图 5-8　外露式刚接柱脚

高层钢结构框架柱的柱脚宜采用埋入式或外包式柱脚。仅传递垂直荷载的铰接柱脚可采用外露式柱脚。插入式柱脚一般仅用于单层钢结构工业厂房，不适合高层建筑钢结构。

1. 埋入式柱脚

埋入式柱脚是指将钢柱底端直接埋入混凝土基础筏板、地基梁或地下室墙体内的一种刚性连接的柱脚。其特点是埋入相对自身绝对刚性的基础中而形成刚性固定柱脚节点。这种柱脚构造可靠，常用于高层钢结构框架柱的柱脚。埋入式柱脚在钢柱的埋入部分应设置栓钉，栓钉的数量和布置可按外包式柱脚的有关规定确定，如图5-9所示。

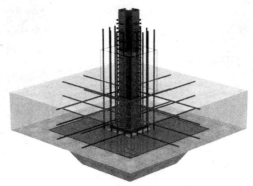

图 5-9　埋入式柱脚连接

2. 外包式柱脚

外包式柱脚是指将钢柱底板放置基础面上，再由基础伸出钢筋混凝土短柱将钢柱柱脚浇筑包裹住成为一个整体。外包式柱脚施工时，先预埋锚栓，锚栓与底板混凝土一次性浇筑，养护达到规定强度后再立钢柱。超过50 m 的钢结构的刚性柱脚宜采用埋入式柱脚，当三级、四级抗震及非抗震时，也可以采用外包式刚性柱脚，如图5-10所示。

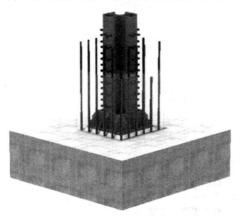

图 5-10　外包式柱脚连接

二、柱脚构造与识图

柱脚的识图与构造请查看表5-3，识图内容选自国家建筑标准设计图集《多、高层民用建筑钢结构节点构造详图》(16G519)。

表 5-3 柱脚构造与识图

柱脚构造与识图

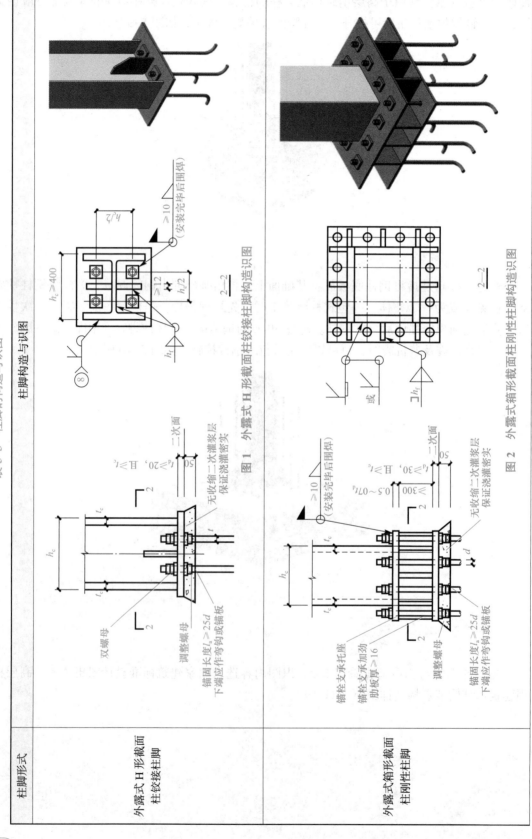

柱脚形式		
外露式 H 形截面 柱铰接柱脚	图 1　外露式 H 形截面柱铰接柱脚构造识图	
外露式箱形截面 柱刚性柱脚	图 2　外露式箱形截面柱刚性柱脚构造识图	

柱脚构造与识图

柱脚形式	
外露式圆形截面柱铰接柱脚	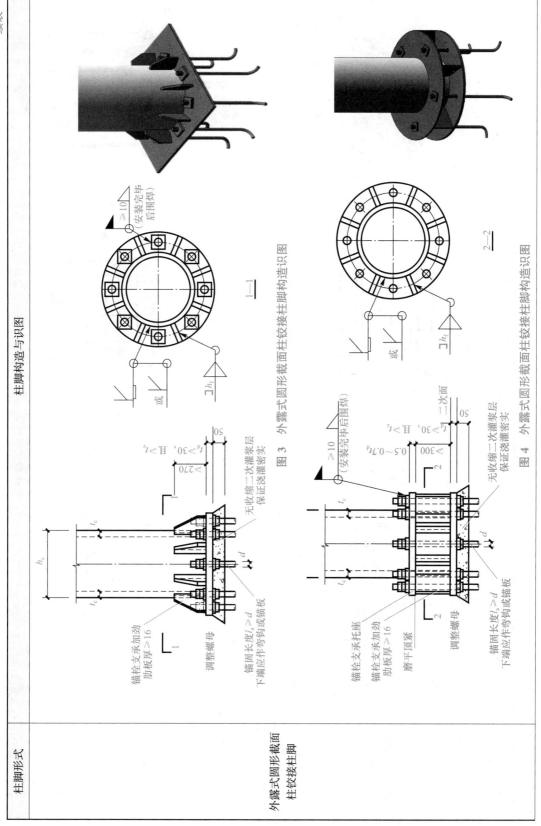 图 3　外露式圆形截面柱铰接柱脚构造识图 图 4　外露式圆形截面柱铰接柱脚构造识图

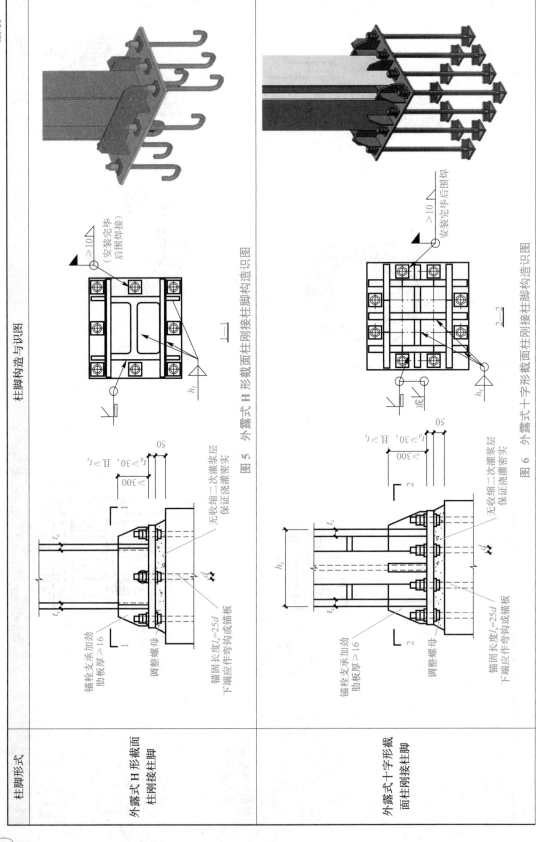

<table>
<tr><td>柱脚形式</td><td colspan="2">柱脚构造与识图</td></tr>
</table>

柱脚形式	柱脚构造与识图
外露式 H 形截面柱刚接柱脚	图 5 外露式 H 形截面柱刚接柱脚构造识图
外露式十字形截面柱刚接柱脚	图 6 外露式十字形截面柱刚接柱脚构造识图

图 5 外露式 H 形截面柱刚接柱脚构造识图

图 6 外露式十字形截面柱刚接柱脚构造识图

柱脚构造与识图

柱脚形式	柱脚构造与识图

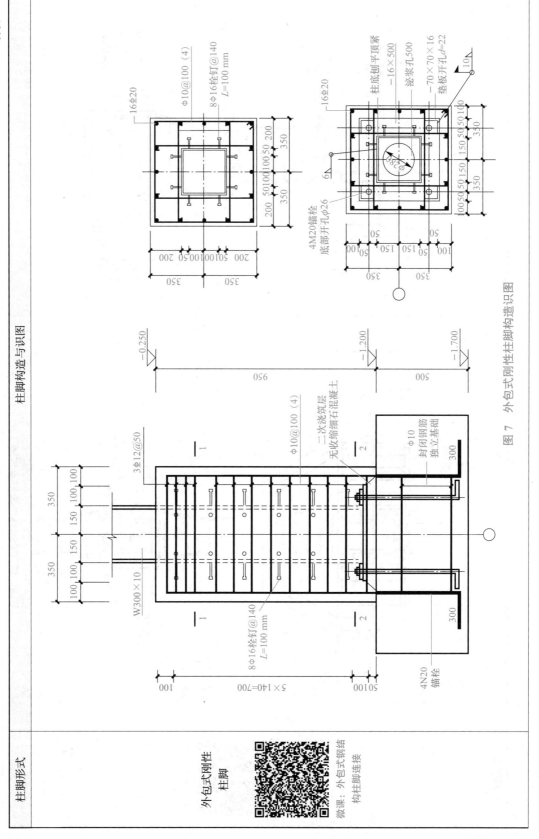

图 7 外包式刚性柱脚构造识图图

外包式刚性柱脚

微课：外包式钢结构柱脚连接

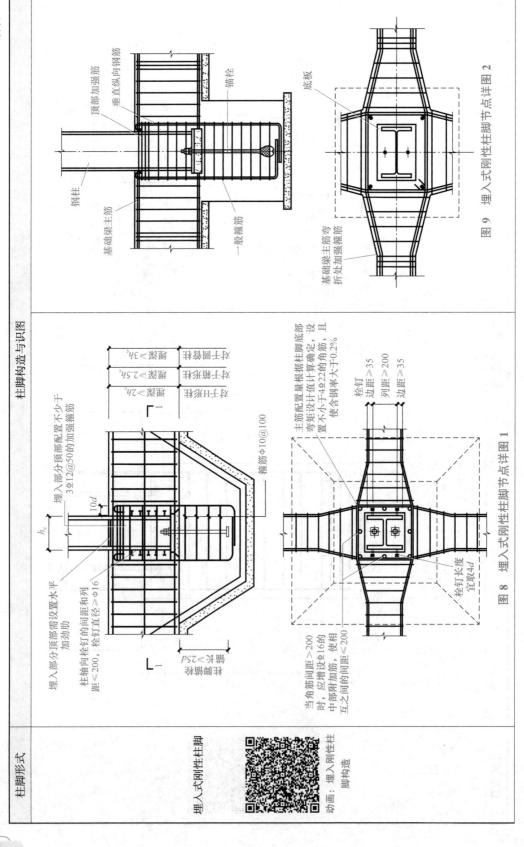

柱脚构造与识图

柱脚形式

埋入式刚性柱脚

动画：埋入式刚性柱脚构造

埋入部分顶部需设置水平加劲肋

埋入部分顶部配置不少于3⊈12@50的加强箍筋

柱轴向栓钉的间距和列距≤200，栓钉直径≥Φ16

箍筋Φ10@100

h_c

10d

焊缝长度≥2.5d

焊缝长度≥2h_c（对于H形柱）

焊缝长度≥2.5h_c（对于箱形柱）

焊缝长度≥3h_c（对于圆形柱）

当角筋间距>200时，应增设⊈16的中部附加筋，使相互之间的间距≤200

栓钉长度宜取4d

边距≥35 列距≥200 边距≥35 栓钉

主筋配置量根据柱脚底部弯矩设计值计算确定，设置不小于4⊈22的角筋，使含钢率大于0.2%

图 8 埋入式刚性柱脚节点详图 1

顶部加强筋
垂直纵向钢筋
锚栓
钢柱
基础梁主筋
一般箍筋

底板

基础梁主筋弯折处加强箍筋

图 9 埋入式刚性柱脚节点详图 2

柱脚构造与识图

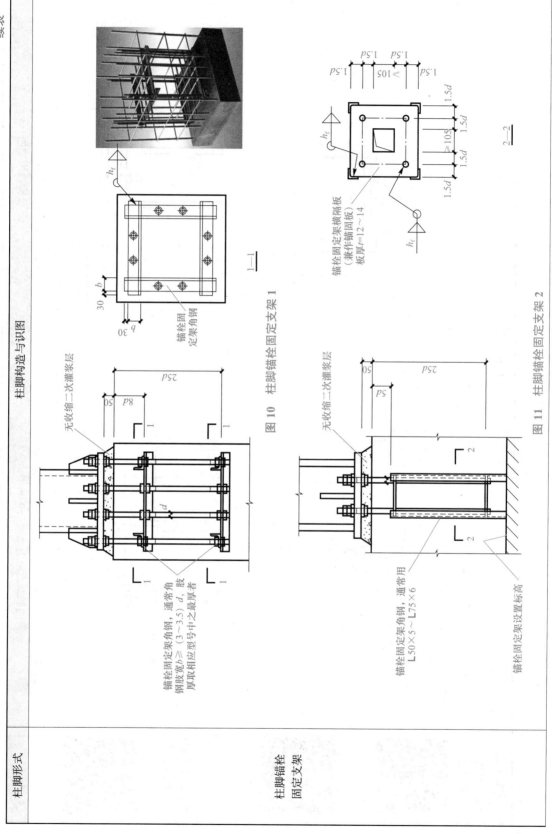

柱脚形式	
柱脚锚栓固定支架	

图 10　柱脚锚栓固定支架 1

无收缩二次灌浆层

锚栓固定支架角钢，通常角钢，肢厚取相应型号中之最厚者
钢肢宽 b ≥ (3~3.5) d,

25d

8d

30

b

b 30

锚栓固定支架角钢

1—1

锚栓固定支架横隔板
（兼作锚固板）
板厚 t=12~14

2—2

h_f

h_f

≥10S

1.5d 1.5d 1.5d 1.5d

1.5d 1.5d ≥10S 1.5d

图 11　柱脚锚栓固定支架 2

无收缩二次灌浆层

锚栓固定支架角钢，通常用
L50×5~L75×6

锚栓固定支架设置标高

25d

5d

5d

柱脚构造与识图

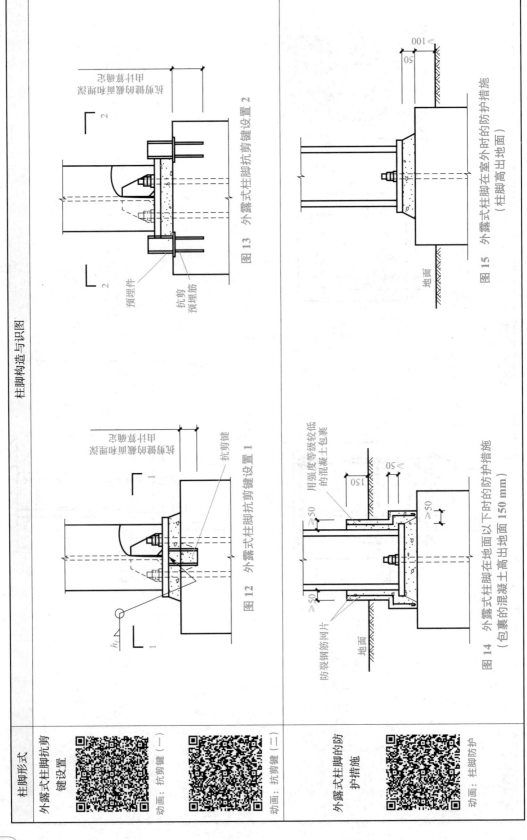

柱脚形式	
外露式柱脚抗剪键设置	图12 外露式柱脚抗剪键设置 1
动画：抗剪键（一）	图13 外露式柱脚抗剪键设置 2
动画：抗剪键（二）	
外露式柱脚的防护措施	图14 外露式柱脚在地面以下时的防护措施（包裹的混凝土高出地面 150 mm）
动画：柱脚防护	图15 外露式柱脚在室外时的防护措施（柱脚高出地面）

柱连接可以是焊接也可以是高强度螺栓连接。钢结构钢柱拼接的要求取决于设计和施工的具体情况。柱子拼接分为工厂拼接和工地拼接两种情况。

工厂拼接时宜采用焊接连接，同时注意同一截面的焊缝不宜过多，避免产生过大的应力集中；工地拼接时，接头应位于弯矩较小处。钢柱之间的连接常采用坡口电焊连接，主梁和钢柱间的连接，一般上、下翼缘用坡口电焊接，而腹板用高强度螺栓连接。钢柱的截面形式多样，可选用宽翼缘 H 型钢、焊接 H 型钢、圆钢管、冷弯方钢管、焊接方钢管及圆形和方形钢管混凝土截面形式等各种截面形式（图 5-11、图 5-12）。

图 5-11　方管钢柱拼接

图 5-12　十字形钢柱拼接

1. 工厂拼接

（1）拉杆：可以采用直接对焊或拼接板加角焊缝。直接对焊时焊缝质量必须达到一、二级质量标准，否则要采用拼接板加角焊缝。

（2）压杆：可以采用直接对焊或拼接板加角焊缝。

采用拼接板加角焊缝时，构件的翼缘和腹板都应有各自的拼接板和焊缝，使传力尽量直接、均匀，避免应力过分集中。确定腹板拼接板宽度时，要留够施焊纵焊缝时操作焊条所需的空间。

视频：钢柱的
耳板切割

2. 工地拼接

（1）拉杆：可以用拼接板加高强度螺栓或端板加高强度螺栓。

（2）压杆：可以采用焊接或上、下段接触面刨平顶紧直接承压传力。用焊接时，上段构件要事先在工厂做好坡口，下段（或上、下两段）带有定位零件（槽钢或角钢），保证施焊时位置正确。上、下段接触面刨平顶紧直接承压传力时应辅以少量焊缝和螺栓，使不能错动。拉压杆的拼接宜按等强度原则来计算，也即拼接材料和连接件都能传递断开截面的最大内力。

3. 柱拼接的识图

柱拼接的识图见表 5-4，识图内容选自国家建筑标准设计图集《多、高层民用建筑钢结构节点构造详图》（16G519）。选取常见和识读难度较大的柱拼接节点识图。

表 5-4　钢柱拼接识图

连接形式	钢柱拼接识图
H 形截面柱 工地拼接 动画：H 形截面柱 工地拼接	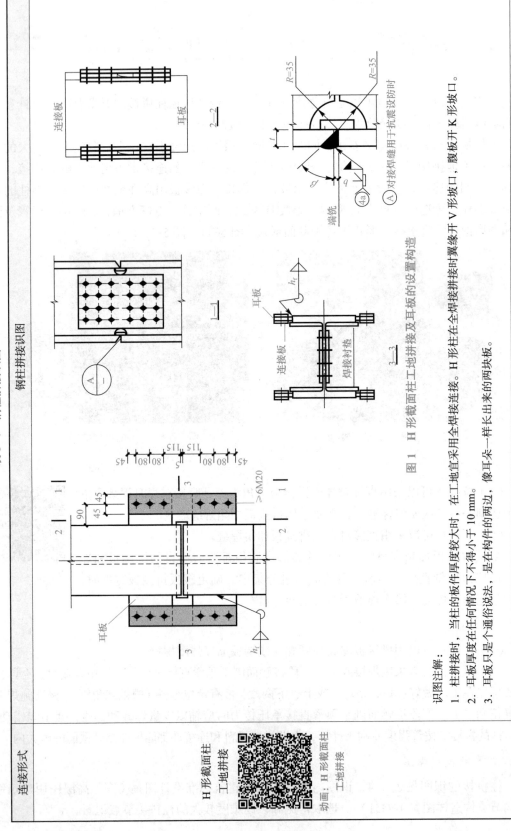

图 1　H 形截面柱工地拼接及耳板的设置构造

识图注解：

1. 柱拼接时，当柱的板件厚度较大时，在工地宜采用全焊接连接。H 形柱在全焊接拼接时翼缘开 V 形坡口，腹板开 K 形坡口。

2. 耳板厚度在任何情况下不得小于 10 mm。

3. 耳板只是个通俗说法，是在构件的两边，像耳朵一样长出来的两块板。

138

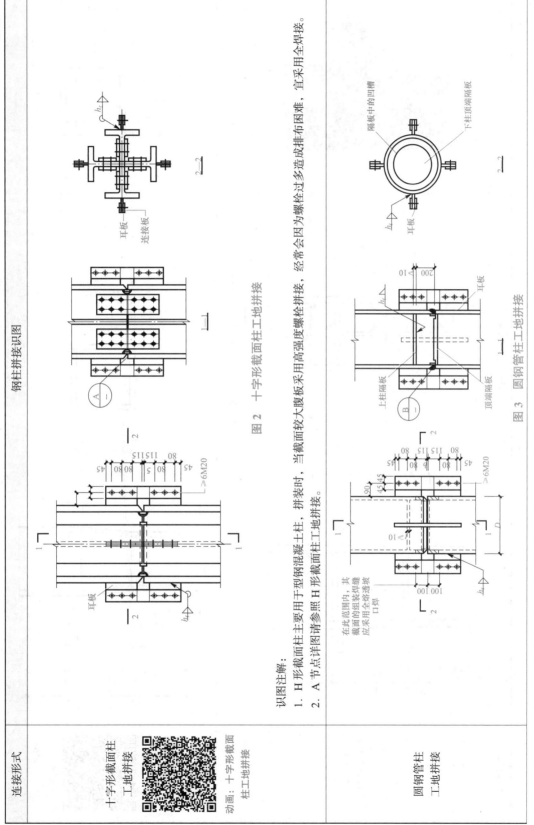

续表

连接形式	钢柱拼接识图
十字形截面柱 工地拼接 动画：十字形截面 柱工地拼接	图 2　十字形截面柱工地拼接 识图注解： 1. H 形截面柱主要用于型钢混凝土柱，拼装时，当截面较大腹板采用高强度螺栓拼接，经常会因为螺栓过多造成排布困难，宜采用全焊接。 2. A 节点详图请参照 H 形截面柱工地拼接。
圆钢管柱 工地拼接	图 3　圆钢管柱工地拼接 在此范围内，其 截面的组装焊缝 应采用全熔透坡 口焊

139

钢柱拼接识图

连接形式	
变截面 H 形钢柱工厂拼接	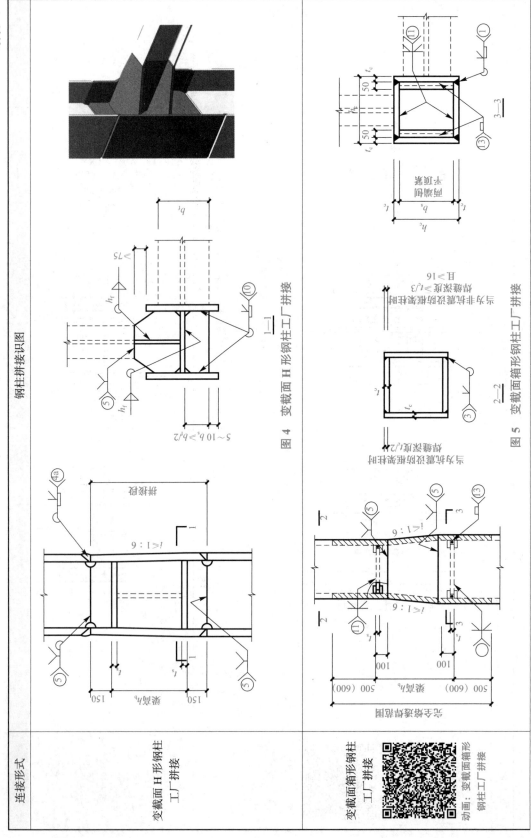 图 4 变截面 H 形钢柱工厂拼接
变截面箱形钢柱工厂拼接 动画：变截面箱形钢柱工厂拼接	图 5 变截面箱形钢柱工厂拼接

钢柱拼接识图

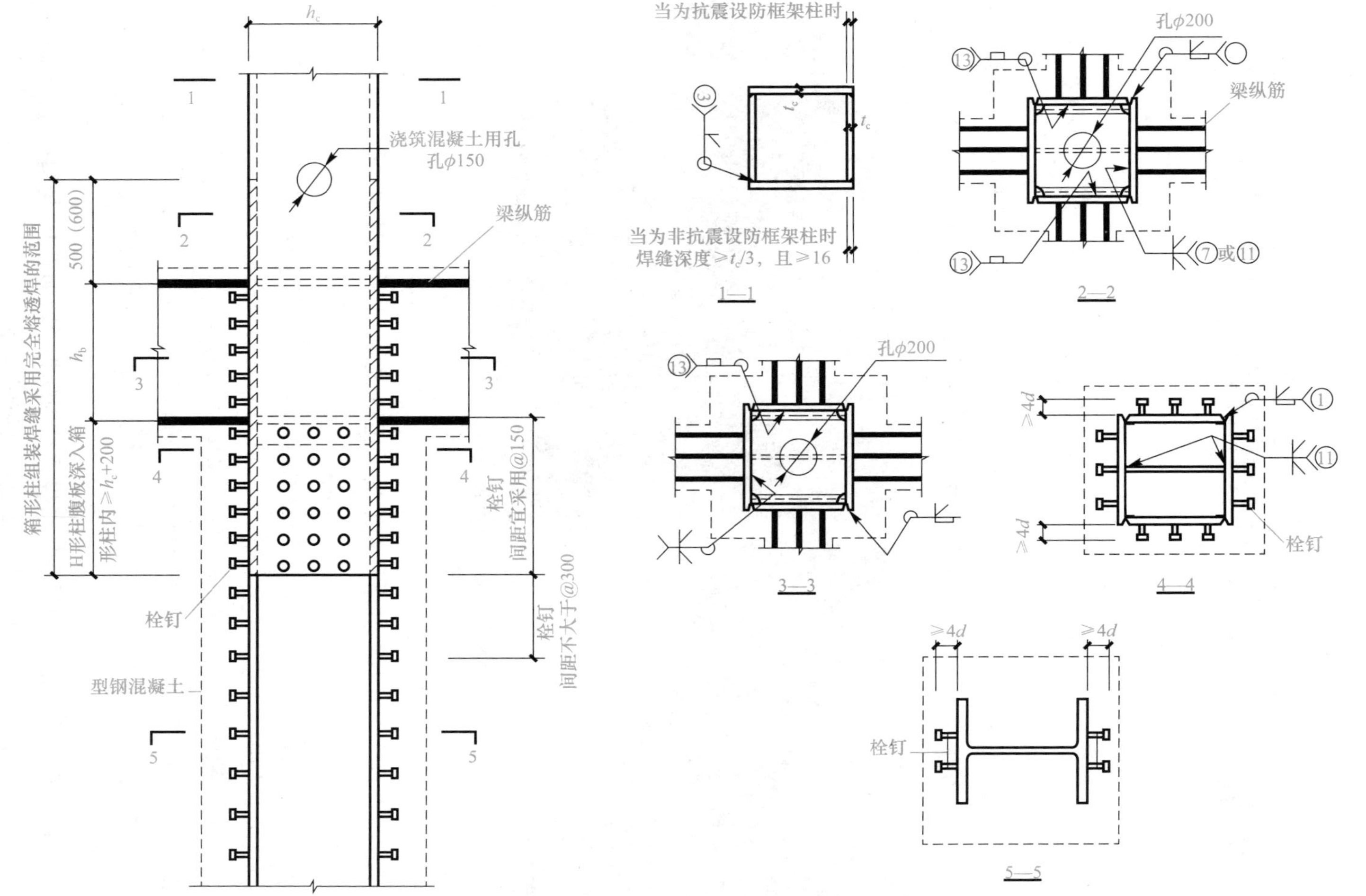

图 6 箱形截面柱与 H 形截面柱工厂拼接

连接形式

箱形截面柱与 H
形截面柱工厂
拼接

动画：箱型截面柱
与 H 形截面柱工厂
拼接

1. 刚接、铰接和截面形式

梁柱节点有刚接和铰接两种，其中铰接可用于多层钢结构，高层钢结构中框架梁柱采用刚接。

两个方向与梁刚接时，宜采用箱形截面；如采用H形截面，其弱轴与梁的连接加劲肋伸出柱翼缘不小于75 mm，并与梁全熔透焊接，如图5-13所示。

视频：钢柱梁连
接构造

图 5-13　框架柱与梁连接现场图

2. 贯通方式

梁柱节点有柱贯通、梁贯通和隔板贯通三种形式。其中，梁贯通形式目前在我国几乎没有发展和应用。

隔板贯通连接是《高层民用建筑钢结构技术规程》（JGJ 99—2015）中新增的内容，在近年的众多工程中已经得到广泛应用。

对于H形截面（包括热轧H型钢、焊接H形截面），一般可以采用柱贯通形式的连接。对于焊接箱形截面，当壁厚不小于16 mm时，如加工方便，可以采用柱贯通式连接或隔板贯通式连接；对于冷成型箱形柱或壁厚小于16 mm的焊接箱形柱，宜采用隔板贯通式连接。

箱形柱采用柱贯通时，梁翼缘位置设置柱内隔板（即加劲），与箱型柱壁板电渣焊。隔板采用Z向钢制作。隔板厚度不应小于梁翼缘板厚度加2 mm。

3. 抗震概念设计——强柱弱梁

在抗震设计中，为保证梁塑性铰出现在远离梁柱节点处，可采用梁与柱的加强型连接或骨式连接。加强型连接是做加法，对梁端进行加强；骨式连接是做减法，对梁端内侧进行削弱。必要时，加强型连接和骨式连接可并用。

4. 抗震概念设计—强节点弱杆件

为保证强节点弱构件，规程规定连接的极限承载力应大于构件的全塑性承载力。至于大多少，旧版规程对于梁柱连接节点将系数统一取为1.2。

5. 焊接要求

梁柱连接中有几处规程明确要求全熔透的焊缝，设计图纸中应明确，主要有贯通式隔板和柱段的焊缝、梁翼缘与柱翼缘的焊缝（柱贯通）、梁翼缘与柱加劲肋（柱贯通-H型柱）弱轴刚接，以及焊接柱的梁翼缘上下 500～600 mm 范围的组焊焊缝等几种情况。

梁柱焊接连接的过焊孔也有详细的要求，对节点的抗震性能也有非常大的影响，此处不再赘述，详见图集或规程。

6. 梁柱连接的识图

梁柱的识图请查看表5-5～表5-9，识图内容选自国家建筑标准设计图集《多、高层民用建筑钢结构节点构造详图》（16G519）。

表 5-5　非抗侧力受弯构件板件宽厚比限值

截面形状	受压翼缘的宽厚比限值
工字形	当梁截面计算不考虑塑性发展时，$b/t \leqslant 15$ 当梁截面计算考虑塑性发展时，$b/t \leqslant 13$
箱形	$b_0/t \leqslant 13$

表 5-6　框架梁柱板件宽厚比限值

板件名称		抗震等级				非抗震等级
		一级	二级	三级	四级	
柱	工字形截面翼缘外伸部分	10	11	12	13	13
	工字形截面腹板	43	45	48	52	52
	箱形截面壁板	33	36	38	40	40
	冷成型方管壁板	32	35	37	40	40
	圆管（径厚比）	50	55	60	70	70
梁	工字形截面和箱形截面翼缘外伸部分	9	9	10	11	11
	箱形截面翼缘在两腹板之间部分	30	30	32	36	36
	工字形和箱形截面腹板	72-120ρ	72-100ρ	80-110ρ	85-120ρ	85-120ρ

注：1. 表列数值适用于 Q235 钢，采用其他牌号钢材时，应乘以 $\sqrt{235/f_{ay}}$，f_{ay} 为钢材的屈服强度。
　　2. ρ 为梁轴压比。

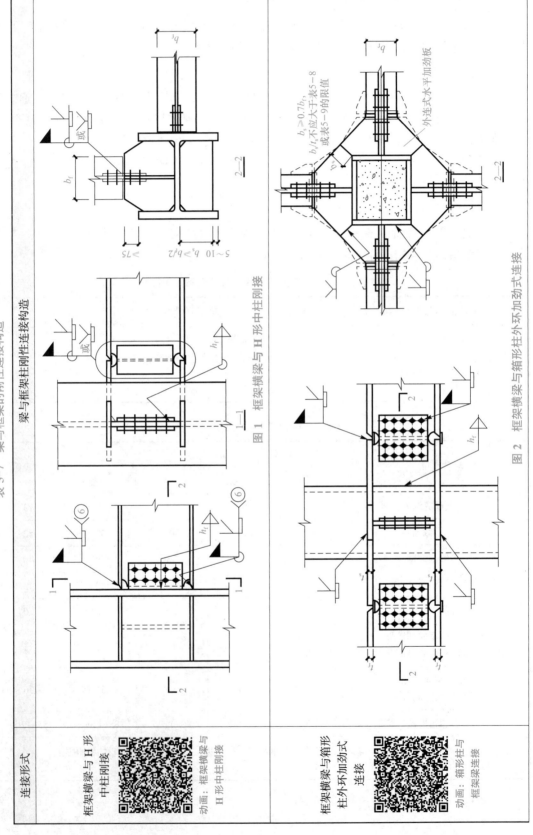

表 5-7　梁与框架的刚性连接构造

梁与框架柱刚性连接构造

连接形式	
框架横梁与 H 形中柱刚接	图 1　框架横梁与 H 形中柱刚接
动画：框架横梁与 H 形中柱刚接	
框架横梁与箱形柱外环加劲式连接	图 2　框架横梁与箱形柱外环加劲式连接
动画：箱形柱与框架梁连接	

续表

连接形式	梁与框架柱刚性连接构造
在型钢混凝土结构中梁与十字形截面柱刚性连接	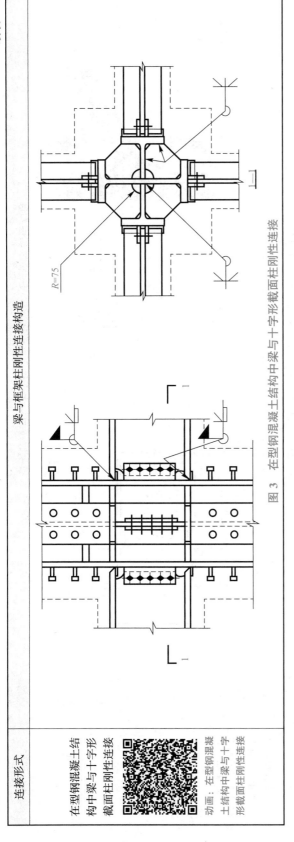

图 3 在型钢混凝土结构中梁与十字形截面柱刚性连接

表 5-8 梁与框架加强型连接构造

连接方式	梁与框架加强型连接构造
用楔形盖板加强框架梁梁端与柱刚性连接	

图 1 用楔形盖板加强框架梁梁端与柱刚性连接

145

表 5-9　梁与柱铰接连接构造

梁与柱铰接连接构造

连接形式	
仅将梁腹板与焊于柱翼缘上的连接板用高强度螺栓相连	

h_f

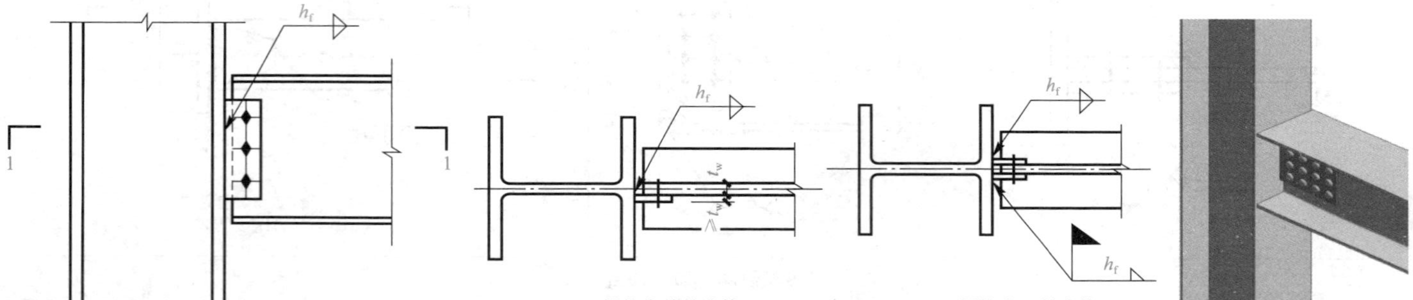

1—1　螺栓为单剪连接　　　2—2　螺栓为双剪连接

图 1　仅将梁腹板与焊于柱翼缘上的连接板用高强度螺栓相连

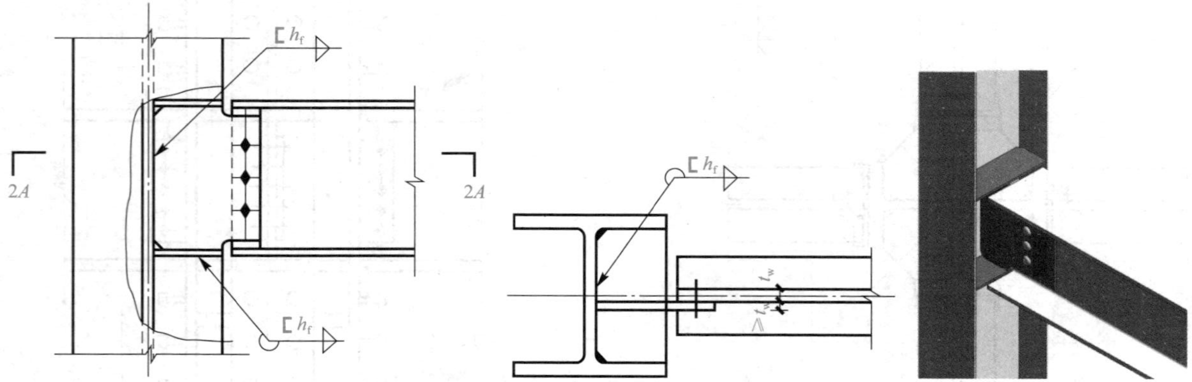

2A—2A 柱尺寸较小焊接不便（也可采用双剪板）

图 2　仅将梁腹板与焊于柱翼缘板上的连接板用高强度螺栓相连

　　钢结构主梁与次梁的连接设计要保证连接传力明确且合理,制作简单,便于安装。主次梁的相互位置可以是叠接,也可以是侧面连接,一般主次梁的连接采用铰接,也可以将次梁设计为连续梁。

一、主次梁连接构造

(一)次梁为简支梁

1. 叠接

　　构造:在主梁上的相应位置应设置支承加劲肋,以免主梁腹板承受过大的局部压力。

　　特点:构造简单,次梁安装方便,但主、次梁体系所占的净空大。

　　计算:一般不用计算,螺栓只是起到安装固定作用。

2. 侧面连接

　　构造:次梁连于主梁的侧面,可以直接连接在主梁的加劲肋上或连于短角钢上。

　　特点:用螺栓连接在加劲肋上,构造简单,安装方便,但须将次梁的上翼缘和下翼缘的一侧切除采用工地焊缝连接,此时螺栓仅起临时固定作用,但次梁腹板端部焊缝焊接不太方便;为用短角钢连接主次梁的螺栓连接或安装焊缝,需要将上翼缘局部切去。

　　计算:连接需要的焊缝或螺栓应按次梁的反力计算,考虑到并非理想铰接,故计算时,宜将次梁反力增加 20% ~ 30%。

(二)次梁为连续梁

1. 叠接

　　与次梁为简支梁的叠接相同,只是次梁连续通过,不在主梁上断开,当次梁需要拼接时,拼接位置可设在弯矩小处,主、次梁之间只要用螺栓或焊缝固定它们的相互位置即可。

2. 侧面连接

　　构造:为了保证两跨次梁在主梁处的连续性,必须在上、下翼缘处设置连接板。用高强度螺栓连接,次梁的腹板连接在主梁的加劲肋上,下翼缘的连接板分成两块,焊接在主梁腹板的两侧。用现场安装焊缝连接,次梁支承在主梁的支托上,在次梁的上翼缘设有连接板,而下翼缘的连接板则由支托的平板代替。

　　计算:支座反力由支托传至主梁,端部的负弯矩,则由上下翼缘承受,连接盖板和顶

板传递 M 分解的水平力，$F=M/h$（h 为次梁高），其截面尺寸和焊缝螺栓的连接计算均用 F，为避免仰焊，连接盖板比上翼缘窄，拉板比下翼缘宽。

当次梁支座反力比较小时，可以采用短角钢与主梁连接，支座反力可利用焊缝或螺栓传递。

连接处次梁翼缘需要部分切除，双面连接角钢中一侧角钢应在安装次梁前固定在主梁上，方便次梁的就位。

当次梁与主梁的加劲肋连接，次梁的支座反力通过螺栓传递，连接构造简单，安装方便。通过双面连接板连接主次梁时，可以避免对次梁的切割，但这样会增加连接板和螺栓的数量。

当次梁支座反力较大时，可以把次梁放置在主梁的承托上，次梁支座反力可由承托承受，这样受力可靠，安装也方便。为了避免次梁截面的扭转，应当采取对次梁的腹板固定措施。

视频：工字钢次梁

二、主次梁连接识图

主次梁连接的识图如图 5-14 ～图 5-22 所示，识图内容选自国家建筑标准设计图集《多、高层民用建筑钢结构节点构造详图》（16G519）。选取常见和识读难度较大的主次梁连接节点识图。

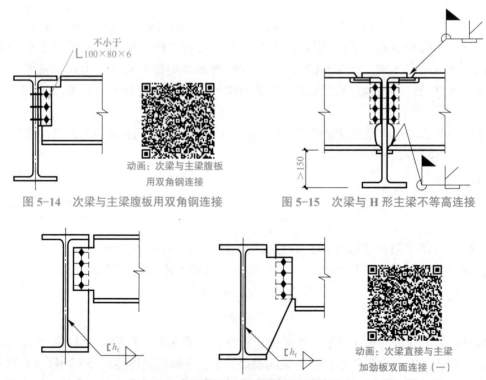

图 5-14 次梁与主梁腹板用双角钢连接

图 5-15 次梁与 H 形主梁不等高连接

图 5-16 次梁直接与主梁加劲板双面连接（一）

动画：次梁与主梁腹板用双角钢连接

动画：次梁直接与主梁加劲板双面连接（一）

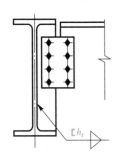

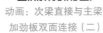

动画：次梁直接与主梁
加劲板双面连接（二）

图 5-17　次梁直接与主梁加劲板双面连接（二）

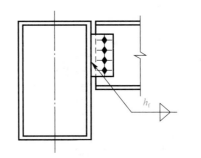

动画：直接与箱形
主梁加劲板连接

图 5-18　直接与箱形主梁加劲板连接

注意：次梁与主梁连接一般为次梁简支于主梁，连接螺栓应采用摩擦型高强度螺栓，对于次要构件也可以采用普通螺栓连接。

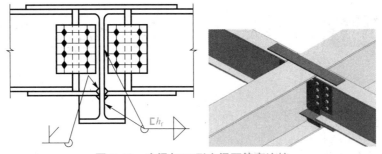

图 5-19　次梁与 H 形主梁不等高连接

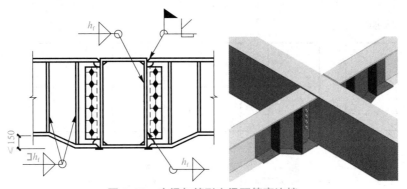

图 5-20　次梁与箱形主梁不等高连接

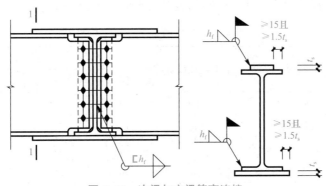

图 5-21　次梁与主梁等高连接

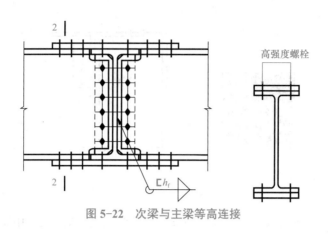

图 5-22　次梁与主梁等高连接

一、中心支撑构造要求

中心支撑的每个节点处，各杆件的轴心线要交汇于一点，中心支撑根据斜杆的不同布置，可形成十字交叉斜杆、人字形斜杆、单斜杆、K 形斜杆、在横梁处相交斜杆等支撑类型，如图 5-23 所示。

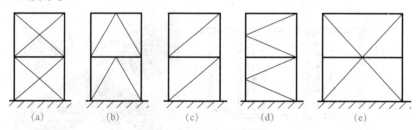

图 5-23　中心支撑类型
(a) 十字交叉斜杆；(b) 人字形斜杆；(c) 单斜杆；(d) K 形斜杆；(e) 在横梁处相交斜杆

（1）中心支撑杆件的长细比及板间的宽厚比不应大于表 5-10 的限制。

表 5-10　中心支撑杆件的长细比及其板件的宽厚比

类别	项目	非抗震设防	抗震等级			
			四	三	二	一
长细比	按压杆设计	120	120	120	120	120
板件的宽厚比	翼缘外伸部分	13	13	10	9	8
	H 形截面腹板	33	33	27	26	25
	箱型截面壁板	30	30	25	20	18
	圆管的外径和壁厚比	42	42	40	40	38

（2）在抗震设防的结构中，支撑宜采用 H 型钢制作，在构造上两端应刚接，梁、柱与支撑连接处应设置加劲肋。当采用焊接组合截面时，其翼缘与腹板应采用全熔透焊缝连接。H 形截面支撑与框架连接处，支撑杆端宜做成圆弧。H 形截面连接时，在柱壁板的相应位置设置隔板。

二、偏心支撑构造要求

偏心支撑是指在构造上使支撑轴线偏离梁和柱轴线的支撑。一般在框架中支撑斜杆的两端，应至少有一端与梁相交（不在柱节点处），另一端交在梁与柱交点处，或偏离梁柱一段长度与另一根梁连接，在支撑斜杆杆端与柱之间构成一消能梁段，称为偏心支撑，如图 5-24 所示。

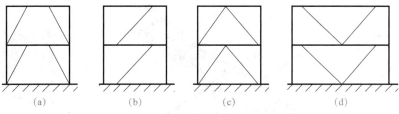

图 5-24　偏心支撑类型
（a）门架式；（b）单斜杆式；（c）人字形式；（d）V 字形式

（1）抗震等级较高或房屋高度较高的钢结构房屋，可采用偏心支撑、延性墙板或其他消能支撑。抗震等级较低或房屋高度较低的钢结构房屋，可采用中心支撑，有条件时，可采用偏心支撑、延性墙等。钢结构房屋超过 50 m 的钢结构采用偏心支撑框架时，顶层可采用中心支撑。

（2）消能梁段钢材的屈服强度不应大于 235 MPa。

（3）消能梁端的腹板不得开洞，不得贴焊补强板。

中心支撑和偏心支撑的识图如图 5-25～图 5-30 所示，节点图选取了《多、高层民用建筑钢结构节点构造详图》（16G519）图集中的部分节点图。

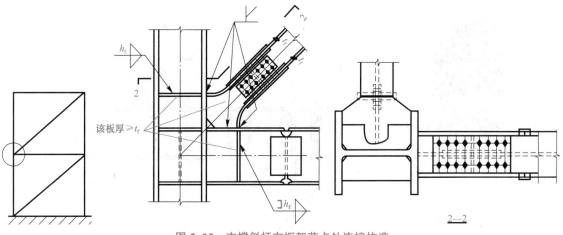

图 5-25　支撑斜杆在框架节点处连接构造

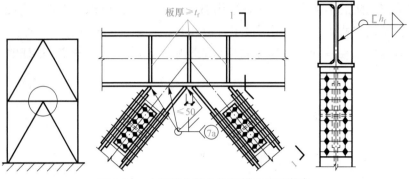

板厚≥t_f

≤50

图 5-26　人字形支撑与框架横梁连接节点

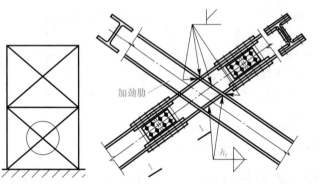

加劲肋

h_f

图 5-27　十字形交叉支撑中间连接节点

动画：十字形交叉支撑
中间连接节点

动画：消能梁段与柱连
接时的构造要求

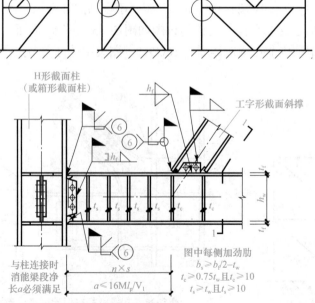

H形截面柱
（或箱形截面柱）

工字形截面斜撑

h_f

t_s　t_c　t_s　　　t_c　　　t_c

h_w

t_f

与柱连接时
消能梁段净
长a必须满足

$n \times s$

$a \leq 16Ml_p/V_1$

图中每侧加劲肋
$b_s \geq b_f/2 - t_w$
$t_c \geq 0.75t_w$且$t_c \geq 10$
$t_s \geq t_w$且$t_s \geq 10$

图 5-28　消能梁段与柱连接时的构造要求

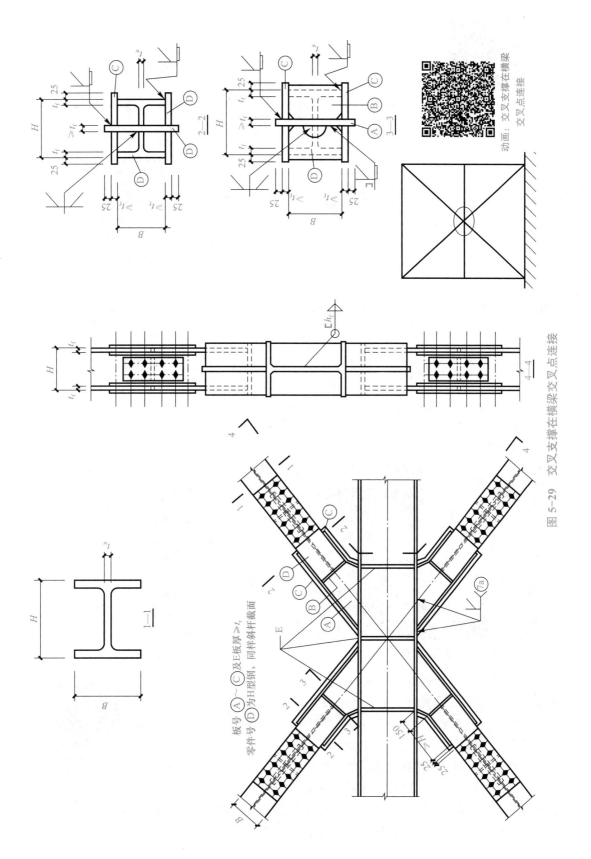

板号 Ⓐ ~ Ⓒ 及E板厚 > t_f
零件号 Ⓓ 为H型钢，同样斜杆横面

图 5-29 交叉支撑在横梁交叉点连接

动画：消能梁段位于支撑与支撑之间的构造要求

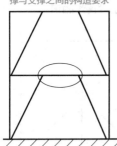

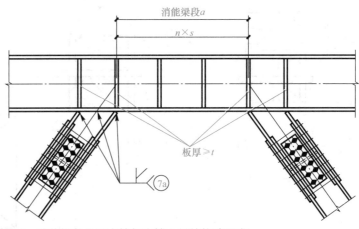

图 5-30　消能梁段位于支撑与支撑之间的构造要求

延伸阅读　胸怀建筑强国梦——第七届全国道德模范陆建新

　　陆建新扎根施工一线 37 年，先后参与 44 项工程建设，参建工程总高度达 3 600 余 m，主持承建了国内已封顶的 7 座 100 层以上钢结构摩天大楼中 4 座的主体结构，屡创世界高层建筑施工速度新纪录。他勇于创新突破，带领团队破解了成百上千的技术难题，将中国超高层钢结构施工技术推向了世界一流水平。陆建新先后获得"国企敬业好员工""广东省优秀共产党员""中国好人""央企楷模""全国五一劳动奖章""广东省道德模范"提名奖等多项荣誉（图 5-31、图 5-32）。胸怀建筑强国梦，屡屡刷新中国钢结构建筑高度。

图 5-31　钢结构建筑施工顶级专家

图 5-32　第七届全国道德模范陆建新

　　37 年来，陆建新长期奋战在施工一线，辗转工作于国内外 8 个城市，参与 44 项工程建设。他从最基层干起，勤奋钻研、吃苦耐劳、热心厚道、甘于奉献，将绝大部分的时间和精力都用在专业学习和工程实践上，付出了常人难以企及的努力，练成了一身过硬本领，一步一个脚印成长为钢结构建筑施工领域顶级专家。

　　陆建新吃苦耐劳、严谨精细。他每天提前半小时到项目现场，每天到工地巡查。项目图纸再厚，他也会在第一时间看完，并仔细研究，确保不因错看、漏看图纸而打糊涂仗，不因没有发现设计不合理而打窝囊仗。

延伸阅读：胸怀建筑强国梦——第七届全国道德模范陆建新

◆ 心得体会

请学生阅读文章和扫描二维码视频学习，陆建新用实际行动诠释着"干一行，爱一行"的真谛，书写着敬业奉献的精彩华章。对于今后也将从事建筑事业的学生们，你们有什么学习心得体会，请写下你的心得体会和感受。

项目总结

一、钢结构设计图基本组成

地脚螺栓布置图、框架结构的立面布置图、柱与柱的连接节点、框架柱与梁的连接节点、主次梁连接节点、中心支撑和偏心支撑。

二、钢框架结构柱脚连接的构造与识图

认识柱脚连接的组成，能识读外包式柱脚连接和埋入式柱脚连接。

三、钢框架结构的框架柱节点构造与识图

区分工地拼装和工厂拼接，框架柱节点的识图职业活动训练。

四、钢框架结构主次梁的节点构造与识图

不同截面形式主次梁连接的识图，主次梁节点识图职业活动训练。

五、钢框架支撑节点的构造与识图

区分中心支撑和偏心支撑，能识读偏心支撑和中心支撑的节点识图。

六、实训任务

识读某4层办公楼钢框架结构施工图。

项目训练

项目训练一　　多层钢框架结构柱脚识图						
班级		姓名		学号		日期

任务书：

学习完多层及高层钢结构柱脚连接的基本知识后，请学生根据教师讲解相关内容，正确识读本项目的图纸，以及附件中"结施04——柱脚详图"（图5-36）和"结施03——柱脚锚栓布置图"（图5-35），并完成下列任务。

项目概况：本工程为某学校的办公楼，主体采用钢框架结构体系。

学习目标：能够说出正确识读柱脚详图，培养学生严谨认真的识图态度。

引导问题1：钢框架结构图纸包括哪些内容？

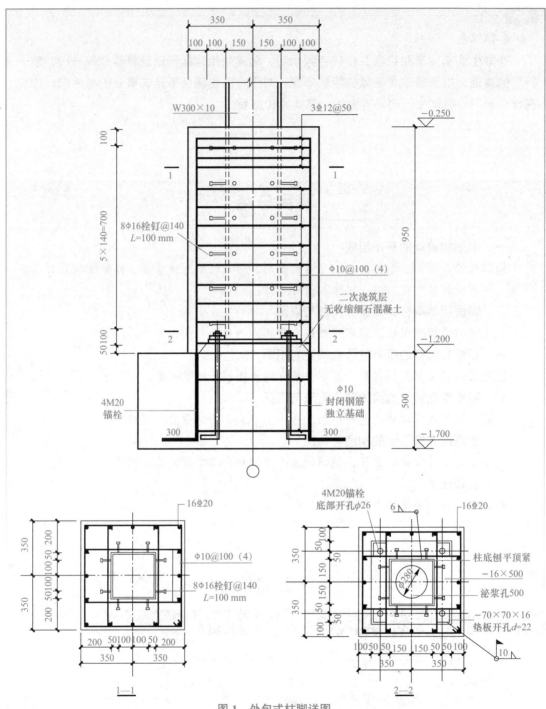

图1　外包式柱脚详图

引导问题 2：根据图 1 回答问题，图中的外包式柱脚按受力形式分类属_____（刚接／铰接），钢柱脚配置了_____根纵向钢筋，钢筋的直径为_____mm，包裹的非加密区箍筋的直径和间距为_____。在外包式柱脚的外围布置了栓钉，栓钉的直径为_____mm。栓钉的作用是什么？_____。

引导问题 3：柱脚如何进行防护？

引导问题 4：柱脚按照类别进行分类有哪些？钢框架结构可以应用哪种柱脚形式？

项目训练二　多层钢框架结构柱节点识图

班级		姓名		学号		日期	

任务书：

学习完多层及高层钢结构柱拼接的基本识图，请学生根据教师讲解相关内容，正确识读项目与柱拼接相关的图纸，以及附件中"结施04——柱脚详图"（图5-36）和"结施03——柱脚锚栓布置图"（图5-35），并完成下列任务。

学习目标：能够说出正确识钢柱连接详图，培养学生严谨认真的识图态度。

引导问题 1：钢柱的工地拼接和工厂拼接有什么不同？

引导问题 2：请问图1中钢柱拼接的焊缝属于哪种焊缝形式？_____。

引导问题 3：柱子属于_____截面形式柱，隔板与钢柱内壁采用_____焊缝连接。

引导问题 4：在图1中□代表_____焊缝。贯通形框架柱在工地进行拼接时，其接头位置宜位于_____。

引导问题 5：箱形截面柱对于梁纵筋的位置设置加劲隔板的要求是什么？

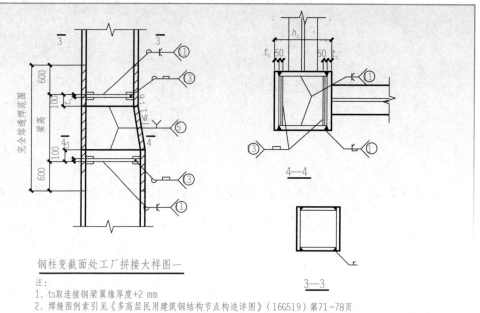

钢柱变截面处工厂拼接大样图一

注：
1. ts取连接钢梁翼缘厚度+2 mm
2. 焊缝图例索引见《多高层民用建筑钢结构节点构造详图》（16G519）第71~78页

图1　钢柱拼接详图

项目训练三　　多层钢框架结构施工图识图						
班级		姓名		学号		日期

任务书：

　　学习完多层及高层钢结构施工图识读，请学生根据教师讲解相关内容和4层办公楼钢框架结构施工图，完成下列任务。

　　学习目标：能够说出支撑的识图，能够正确识读主次梁的连接节点识图，培养学生严谨认真的识图态度。

　　引导问题1：多层及高层钢结构的支撑中偏心支撑和中心支撑有何不同？

　　引导问题2：识读图1的支撑请判断是属于_____（中心支撑/偏心支撑）。在梁段的支撑节点加劲肋板的作用是什么？

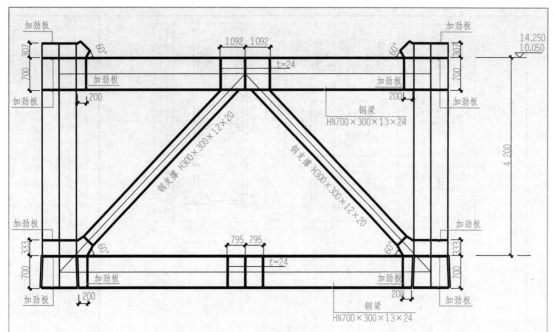

图1 钢柱拼接详图

动手小任务：请学生在 4 层办公楼钢框架结构施工图中任意选择一个主次梁或梁柱的连接节点，并按照主次梁的节点图用硬纸片或者纸箱制作出相应的模型。

引导问题3：H 型钢柱在节点域采用怎样的补强措施？为什么要进行补强呢？

在图 2 中，柱节点的补强板采用_____焊缝连接，加劲板采用_____焊缝连接。

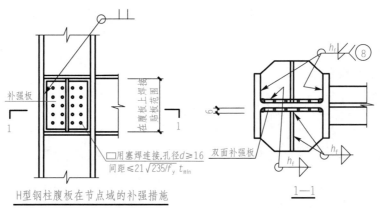

图2 H 型钢柱腹板在节点域的补强节点

附件：钢框架结构项目施工图

结构设计总说明

一、概述

本工程为办公楼，主体采用钢框架结构体系。

由本资料室负责，梁为热轧钢梁。

按建设单位要求，本套图纸为施工图；

拟建设防烈度为8度，设计基本地震加速度为0.20g，设计地震分组第一组，抗震设防类别：乙类。

设计使用年限：50年。

结构安全等级：二级。

二、设计依据

1. 图纸上所注尺寸，除另有注明外，标高以米为单位，尺寸以毫米为单位。

（1）《建筑结构可靠度设计统一标准》（GB 50068—2018）；

（2）《建筑结构荷载规范》（GB 50009—2012）；

（3）《建筑地基基础设计规范》（GB 50007—2011）；

（4）《建筑抗震设计规范》（GB 50011—2010）；

（5）《高层建筑混凝土结构技术规程》（JGJ 3—2010）；

（6）《钢结构设计标准》（GB 50017—2017）；

（7）《冷弯薄壁型钢结构技术规范》（GB 50018—2002）；

（8）《门式刚架轻型房屋钢结构技术规程》（GB 51022—2015）；

（9）《钢结构高强度螺栓连接技术规程》（JGJ 82—91）；

（10）《钢结构焊接规范》（GB 50661—2011）；

（CECS 159：2004）。

三、主要设计荷载标准值：

屋面活载：0.5 kN/m²（不上人）；

楼面活载：2.5 kN/m²；

办公室 2.0 kN/m²；

卫生间 2.5 kN/m²；

楼梯 3.5 kN/m²；

楼梯间活载：0.3 kN/m²

四、一般说明

1. 图中未注明板顶标高均为结构标高，板面建筑做法详建施。

二层建筑标高为-0.020 m，

2. 图纸及设计图集中有关构造做法如有矛盾，以建施为准，并应满足设计及图集要求进行施工。

3. 本工程所有钢构件的制作、安装均应严格遵守国家规范，至与本专业图纸配合进行。

五、钢结构材料

（一）钢材

1. 钢结构用钢材牌号及材质要求示意方法详见《钢结构设计总说明》（某义某楼），钢材牌号主框架为Q345B，其质量标准应符合《低合金高强度结构钢》（GB/T 1591—2018）的规定。

结构设计总说明

次梁（楼梯、雨棚）钢材牌号为Q235B，其质量标准应符合《碳素结构钢》（GB/T 700）的规定。

2. 钢材的屈服强度实测值与抗拉强度实测值的比值不大于0.85；

（1）钢材牌号及钢结构焊接接头应符合《建筑钢结构焊接技术规程》（JGJ 81—2012）的规定。

同一牌号应符合以下要求：

（2）钢材应有明显的屈服台阶，且伸长率不小于20%；

（3）钢材应具有良好的可焊性和合格的冲击韧性。

3. 钢结构连接材料：

（1）焊条、焊丝：手工焊时，焊条应采用与主体金属力学性能相适应的焊条，钢材焊接时，其焊条型号与主体钢材强度应一致；一般Q235钢用E43××型焊条，Q345钢用E50××型焊条，本工程中主要采用E50××型焊条。

（2）焊缝质量等级：未作说明的焊缝为三级焊缝，对接焊缝为二级焊缝。

（3）凡图中未注明的焊缝，均按本表采用。

（4）本表未注明角焊缝尺寸，按下表采用，长度一律满焊。

角焊缝选用图示

$T_1\leq T_2$	$T_1>T_2$
$h_f\leq T_1$	$h_f\leq T_2$

T	6	8	10	12	14
h_f	4	5	6	8	10

注：当t<6mm，可采用角焊缝，焊缝尺寸t可比母材厚度缩小1mm，单面焊时应≥3mm以上。

4. 钢结构螺栓

（1）普通螺栓采用C级，符合《六角头螺栓C级》（GB/T 5780—2016）、《I型六角螺母》（GB/T 41—2016）、《平垫圈》（GB/T 95—2002）的规定。

（2）高强度螺栓采用《钢结构用扭剪型高强度螺栓连接副》（GB/T 3632—2008）和《钢结构用高强度大六角头螺栓》（GB/T 1228—2006）的规定。

所有高强度螺栓均采用10.9级高强度螺栓，其预拉力为P=155 kN。

（二）钢结构焊缝

1. 钢结构焊缝及质量检查应符合《钢结构工程施工质量验收标准》（GB 50205—2020）及《钢结构工程施工规范》（GB 50755—2012）的规定，出厂检验合格后方可出厂，尺寸及误差自进行不得施工，出厂前进行必要的检查。

5. 高强度螺栓施工要求

（1）所有高强度螺栓孔，采用钻孔成孔。

（2）安装时，螺栓的规格与螺栓配套，并按设计要求选用。

（3）连接处接触面连接前应清理干净，不得附着油污、铁锈及毛刺等。

（四）钢材的抗滑移系数抗滑移系数≥0.45。

6. 结构焊接施工要求

（1）主钢梁焊接出厂前，结构焊接时距梁表面约定每侧不大于100 m，具体位置连接焊缝端距离要求经设计院认可；

分布焊缝质量聚集部位应高50μm，在安装时焊缝要满足大火容量要求；

（2）对所有构件接头在工厂制作时预热，减少焊接变形，或采用热熔法进行焊接；

（3）钢材的焊接应严格按国家现行有关规范及图纸规定。

五、混凝土部分

（六）钢筋混凝土构件采用现浇，应进行二次布置及专业配筋施工详图图，方可加工及施工。

五、底筋楼板按设计图纸施工，应符合《混凝土结构工程施工规范》（GB 50666—2011）、《混凝土结构工程施工质量验收规范》（GB 50204—2015）的相关规定。

连接板、埋件均采用C35级数据混凝土，混凝土应采用速凝。混凝土浇筑、施工缝、养护等应按专项施工方案进行。

六、其它

1. 本套图纸未经本图审查部门审查不得施工。

2. 各层钢板或连接板应与原设计相配合。

3. 施工中应保护原有结构，不得损坏。

4. 本套图纸所有尺寸应以实际为准，如有出入请及时与设计院联系。

5. 未尽事宜按国家现行有关规范执行。

6. 本说明未尽事宜，请按照有关现行国家规范及本专项施工设备配置图。

七、本图纸

1. 本套图纸经本图审查合格后方可施工，如有变动应征得本专业图纸配合施工。

2. 本图未说明处，应与本图设计人联系。

3. 图中未注明的连接均为焊接连接。

4. 未经设计人认可，不得改变结构位置。

5. 图纸中未注明的连接基本均按本表选用。

6. 其他。

对接焊缝尺寸选用表

项目办公楼				设计号		结施
				图号		01
结构设计总说明（一）				日期		2010.10

设计负责人	
审定人	
校核人	
专业负责人	
设计人	
制图人	

图5-33 结构设计总说明（一）

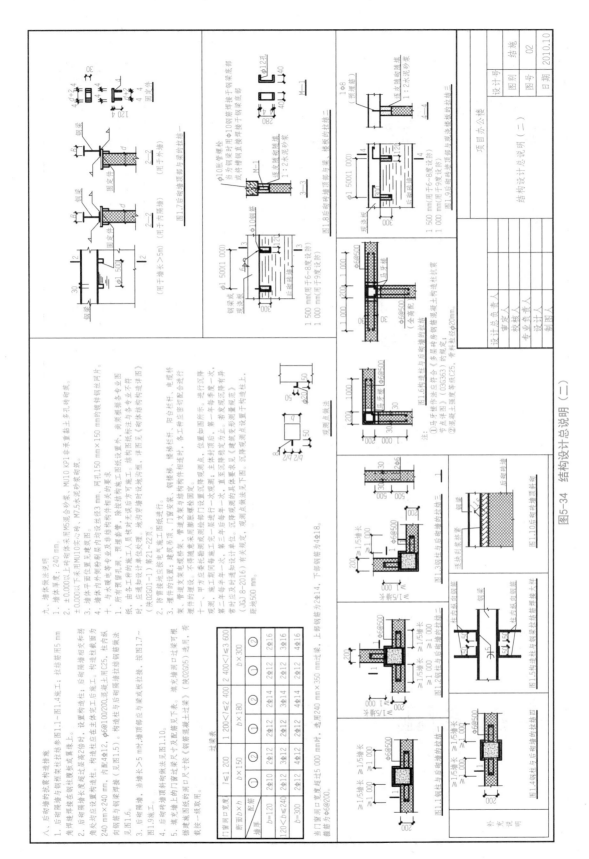

图5-34 结构设计总说明（二）

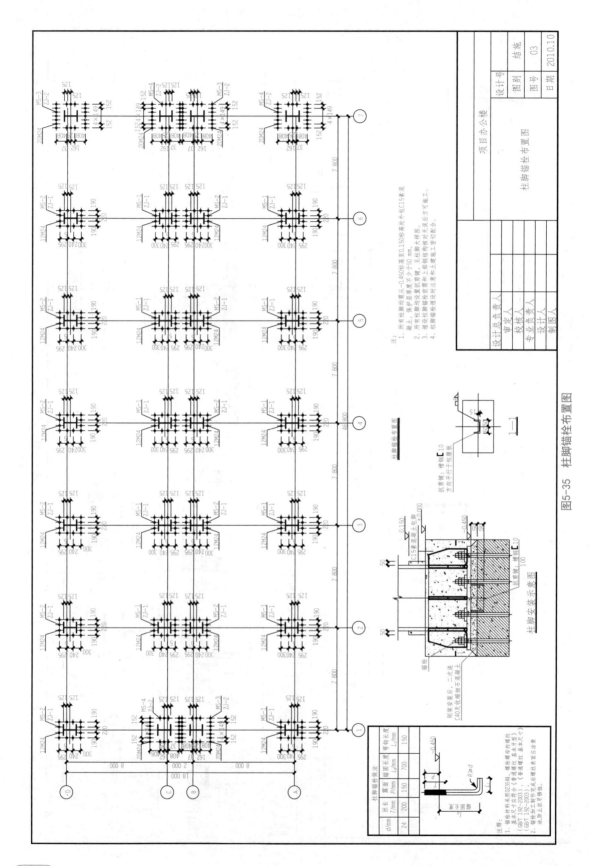

图5-35 柱脚锚栓布置图

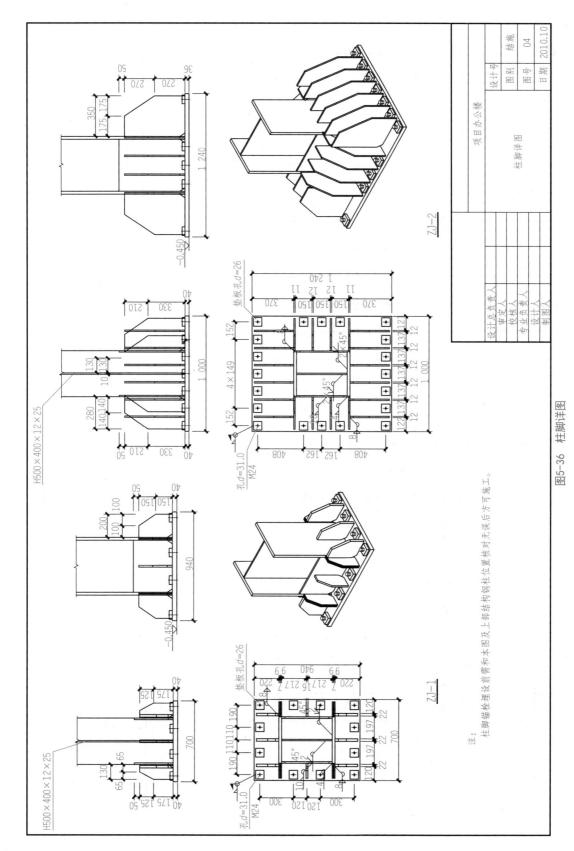

注：柱脚锚栓埋设须待本图及上部结构钢柱位置核对无误后方可施工。

ZJ-1

ZJ-2

H500×400×12×25

H500×400×12×25

项目办公楼

柱脚详图

设计总负责人			设计号	结施
审定人			图别	
校核负责人			图号	04
专业负责人			日期	2010.10
设计人				
制图人				

图5-36　柱脚详图

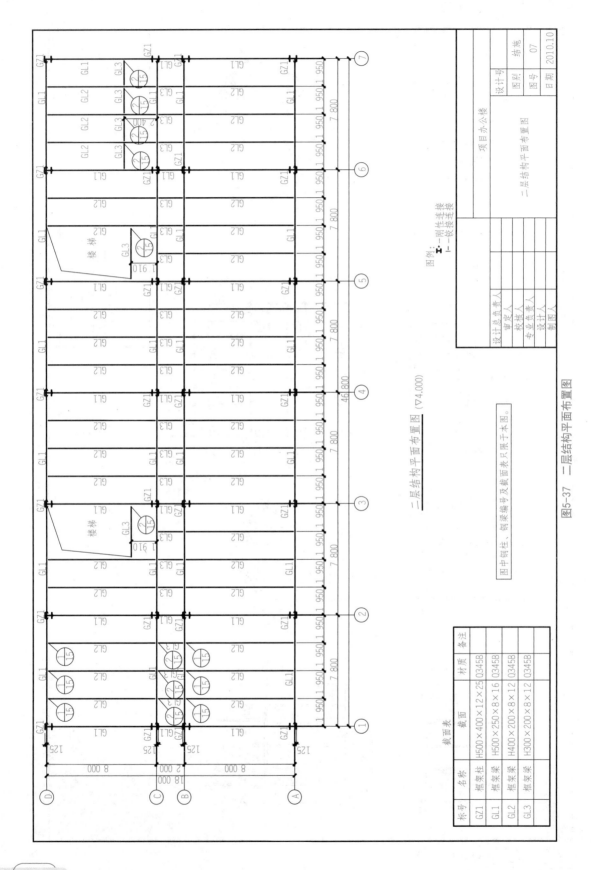

二层结构平面布置图 (▽4.000)

图中钢柱、钢梁编号及截面表只限于本图。

图例: ╪—刚性连接
╪—铰接连接

截面表

标号	名称	截面	材质	备注
GZ1	框架柱	H500×400×12×25	Q345B	
GL1	框架梁	H500×250×8×16	Q345B	
GL2	框架梁	H400×200×8×12	Q345B	
GL3	框架梁	H300×200×8×12	Q345B	

设计总负责人	项目办公楼
审定人	
校核人	二层结构平面布置图
专业负责人	
设计人	设计号 结施
制图人	图别 07
	图号
	日期 2010.10

图5-37 二层结构平面布置图

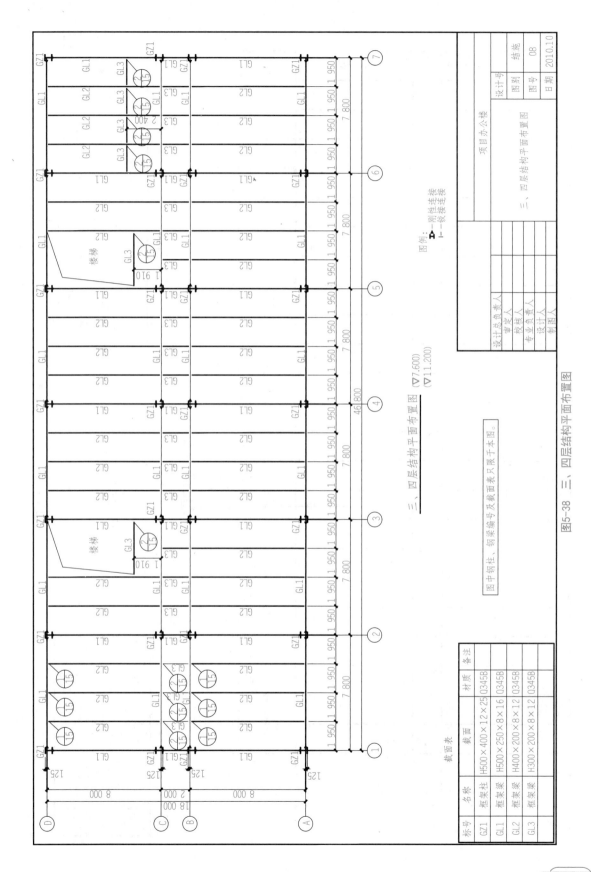

三、四层结构平面布置图 (▽7.600)
                       (▽11.200)

图例： A
     ——1——刚性连接
          一级连接

图中钢柱、钢梁编号及截面表只限于本图。

截面表

标号	名称	截面	材质	备注
GZ1	框架柱	H500×400×12×25	Q345B	
GL1	框架梁	H500×250×8×16	Q345B	
GL2	框架梁	H400×200×8×12	Q345B	
GL3	框架梁	H300×200×8×12	Q345B	

项目 办公楼

三、四层结构平面布置图

设计总负责人		设计号	
审定人		图别	结施
校核负责人		图号	08
专业负责人			
设计人		日期	2010.10
制图人			

图5-38 三、四层结构平面布置图

165

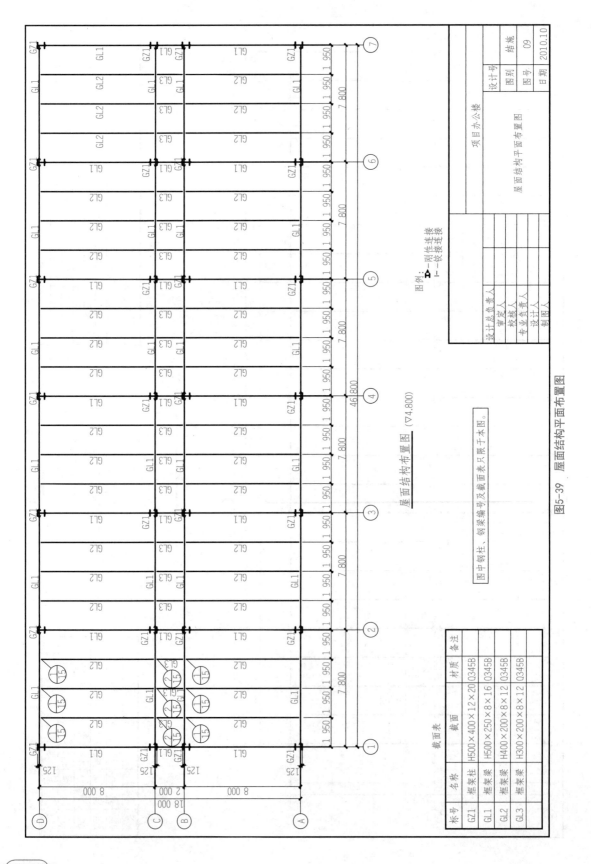

图5-39 屋面结构平面布置图

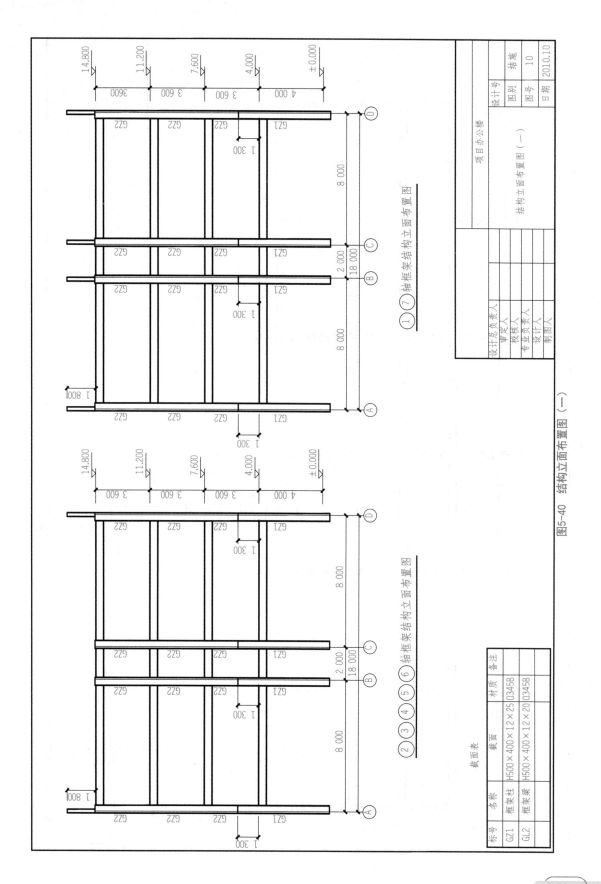

图5-40 结构立面布置图（一）

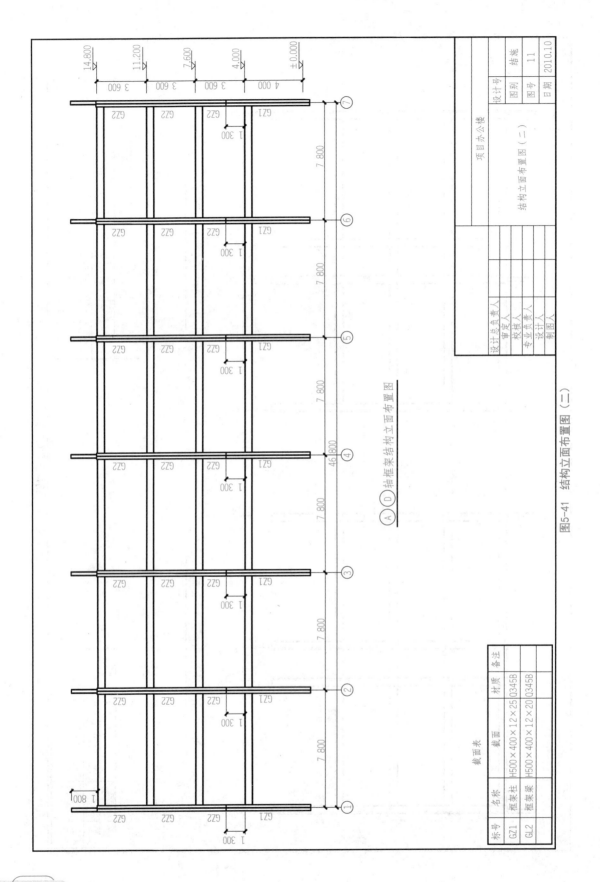

图5-41 结构立面布置图(二)

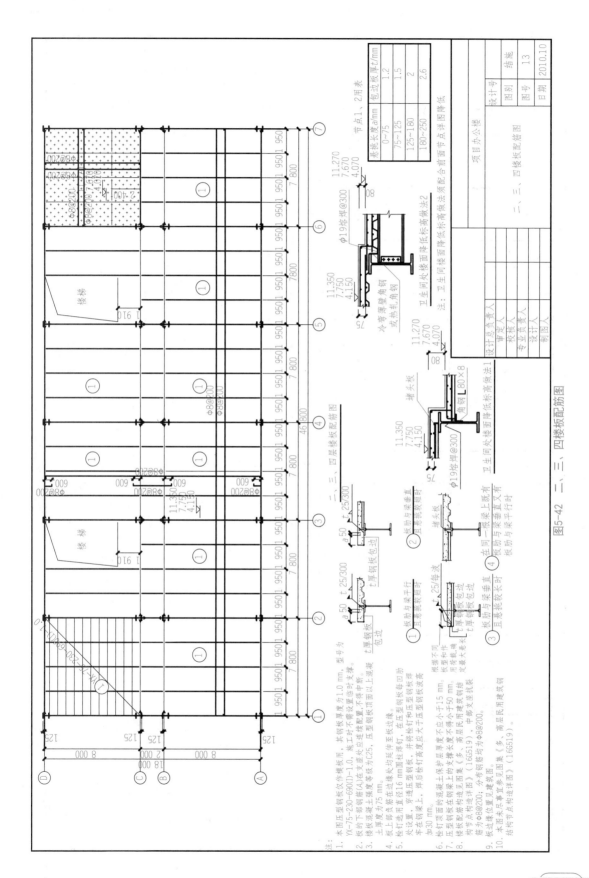

图5-42 二、三、四楼板配筋图

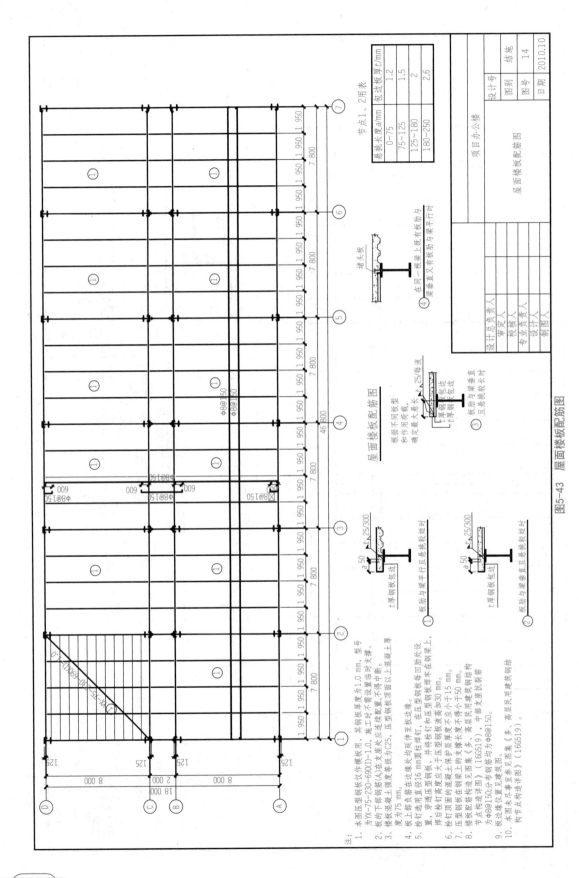

图5-43 屋面楼板配筋图

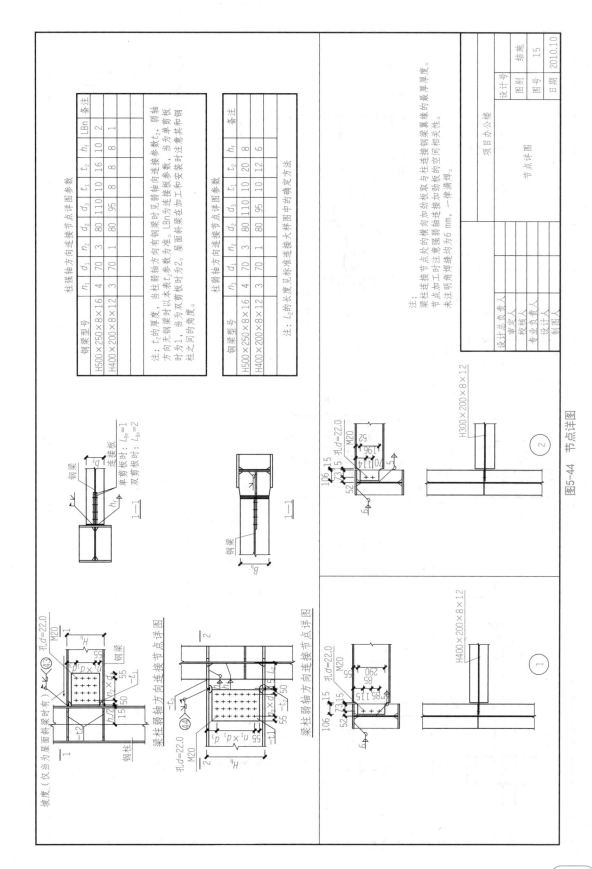

坡度（仅当为屋面斜梁时有）

梁柱弱轴方向连接节点详图

柱强轴方向连接节点详图参数

钢梁型号	n_1	n_2	d_1	d_2	d_3	t_1	t_2	h_f	LBn	备注
H500×250×8×16	4	3	70	80	110	10	16	10		2
H400×200×8×12	3	1	70		95	8	8	8		1

注：t_2 的厚度，当柱无钢梁时以本表 t_2 参数为准。LBn为柱连接参数，弱轴方向无钢梁时见弱轴向连接板参数，当为单剪板时 L_{Bn} 为1，当为双剪板时 L_{Bn} 为2。屋面斜梁在加工和安装时注意其和钢柱之间的角度。

柱弱轴方向连接节点详图参数

钢梁型号	n_1	n_2	d_1	d_2	d_3	t_1	t_2	h_f	备注
H500×250×8×16	4	3	70	80	110	10	20	8	
H400×200×8×12	3	1	70		95	8	10	12	6

注：L_2 的长度见标准连接大样图中的确定方法。

连接板时：$L_{Bn}=1$
双剪板时：$L_{Bn}=2$

钢梁

1—1

钢梁

1—1

项目办公楼

节点详图

			设计号		
			图别	结施	
			图号	15	
			日期	2010.10	

注：
梁柱连接节点处的横向加劲板与柱连接钢梁翼缘取与柱连接钢梁翼缘的最厚厚度。
节点加工时注意强弱轴向连接加劲板连接的空间的相关性。
未注明坡口焊缝均为6 mm，一律满焊。

设计总负责人
审定人
板块负责人
专业负责人
设计人
制图人

柱弱轴方向连接节点详图

H400×200×8×12

①

H300×200×8×12

②

图5-44 节点详图

171

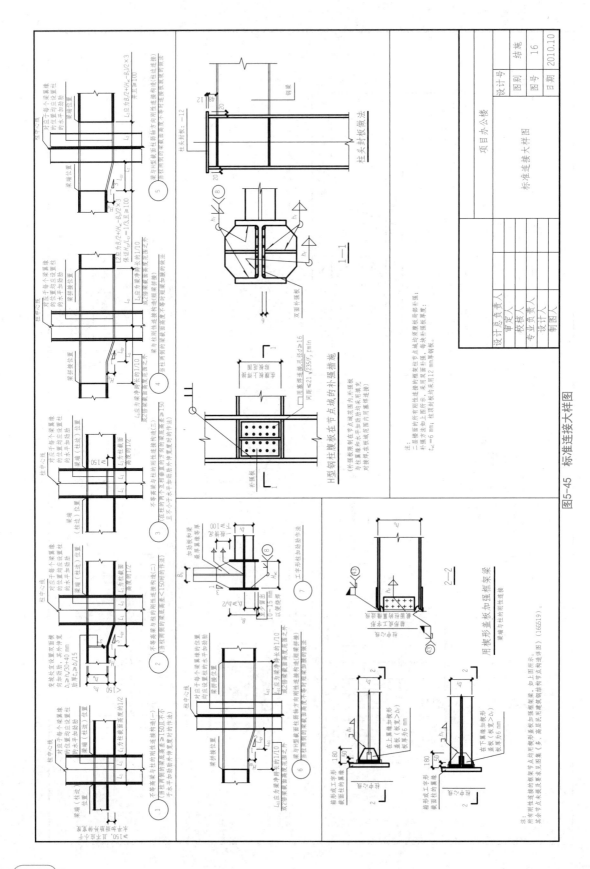

图5-45 标准连接大样图

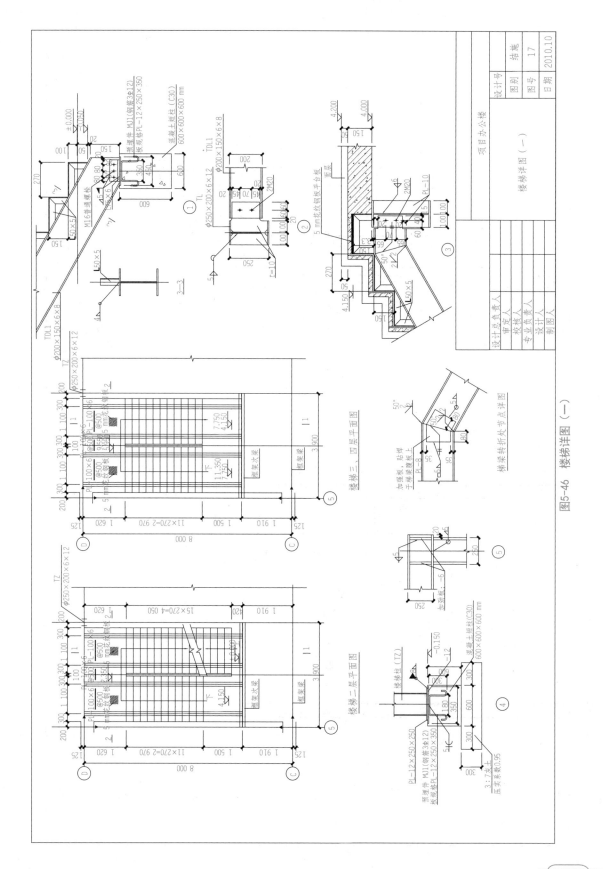

图5-46 楼梯详图（一）

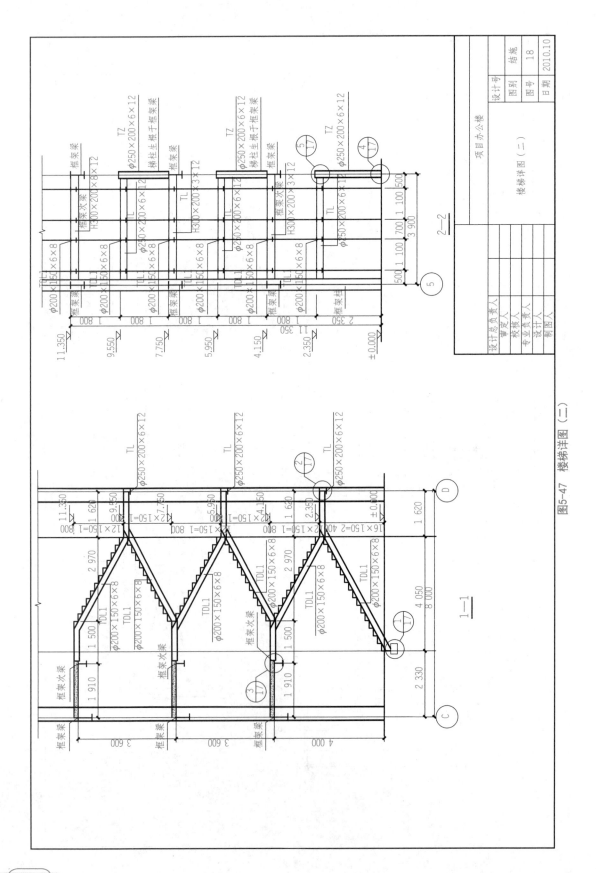

图5-47 楼梯详图（二）

项目六　装配式网架结构构造与识图

![项目目标]

知识目标

（1）说出网架结构的类型；

（2）掌握网架结构节点构造；

（3）说出装配式网架结构施工图的组成。

能力目标

（1）能够识读装配式网架结构施工图；

（2）能够学会装配式网架结构的图纸会审。

素养目标

（1）具备民族自豪感；

（2）具备专业认同感及追求科学、追求卓越精神；

（3）读匠人故事，学匠人精神。

![项目描述]

　　本项目为学校体育馆，按照国家标准《空间网格结构技术规程》（JGJ 7—2010）中有关网架结构设计及施工图的部分知识，以学校体育馆网架结构真实项目为载体（图6-1、图6-2），学习网架结构的基础及构造知识，网架结构施工图组成，网架结构设计说明识读，网架结构平面布置图识读及网架结构节点图等的识读。

图6-1　网架结构图1

图6-2　网架结构图2

（1）第一个网架结构：1964年，上海师范大学球类馆屋盖（31.5 m×40.5 m、角钢杆件，钢板节点）。

（2）第一批有影响的网架结构：1967年，首都体育馆（图6-3）；1973年，上海万人体育馆（图6-4）；2008年，国家游泳中心水立方（图6-5）。

（3）1981年，《网架结构设计与施工规定》（JGJ 7—1980）颁布；2010年，《空间网格结构技术规程》（JGJ 7—2010）颁布。

（4）20世纪80年代初，专业网架厂家出现；20世纪90年代后期，年建设网架100万 m² 以上，成为"网架王国"。

图6-3　首都体育馆

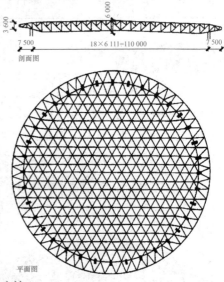

图6-4　上海万人体育馆

图6-5　水立方异形网格网架

　　★网架结构有空间受力、质量轻、刚度大、抗震性能好等优点，因此应用也越来越广泛，通过阅读我国网架结构的发展，你有哪些启示呢？请把你的想法写在下方。

任务一　**网架结构的概念与类型**

一、网架结构的概念

　　由多根杆件按照一定的网格形式通过节点连接而成的空间结构称为网架结构。网架结构是一种空间杆系结构，受力杆件通过节点按一定规律连接起来。节点一般设计成铰接，杆件主要承受轴力作用，杆件截面尺寸相对较小。

　　网架结构主要具有以下特点。

　　（1）能承受来自各个方向的荷载，受力合理，抗震性能好，可靠度大。

　　（2）能适应各种建筑造型要求，选型美观、轻巧、大方。

　　（3）整体性好，因而空间刚度大，稳定好。

　　（4）可以利用小规格杆件建成大跨度结构，取材容易。

　　（5）便于设计标准化，制造定型化。

　　（6）质重较轻，受力合理，因而节约钢材。

　　（7）结构占有空间较小，更有效地利用空间；还可利用网架中部空间设置各种管道等，使用方便，经济合理。

二、网架结构的类型

　　根据《空间网格结构技术规程》（JGJ 7—2010）的规定，目前常用的网架结构分为三个体系共十三种网架结构形式（表6-1）。

　　第一类由平面桁架体系组成，有两向正交正放网架、两向正交斜放网架、两向斜交斜放网架、三向网架、单向折线形网架五种形式。

表 6-1　网架结构的类型

网架结构的类型		简介	图示
平面桁架体系	两向正交正放网架	两向正交正放网架由两组平面桁架互成 90° 交叉而成，弦杆与边界平行或垂直。 　　适用情况：矩形平面，周边支承，边长比小于 1.5，各种跨度均可使用	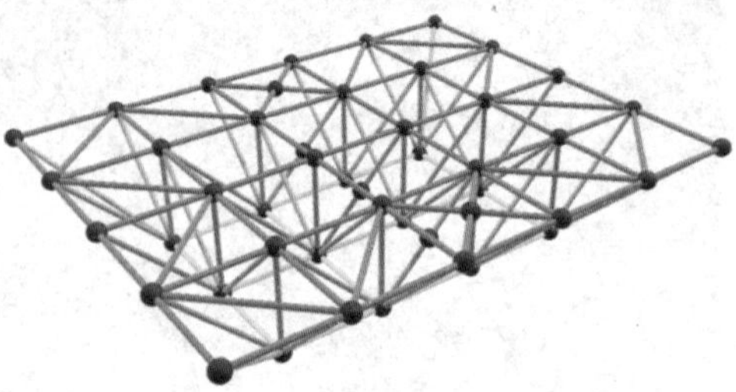
	双向正交斜放网架	两向正交斜放网架由两组平面桁架互成 90° 交叉而成，弦杆与边界成 45° 角，边界可靠时，为几何不变体系。 　　适用情况：矩形平面，周边支承，边长比小于 1.5，各种跨度均可使用	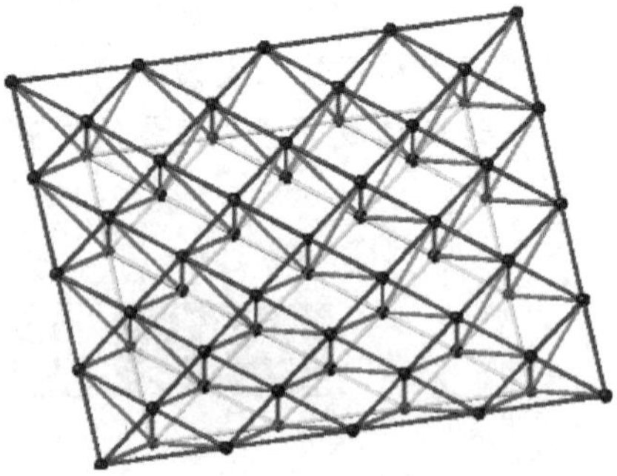
	两向斜交斜放网架	两向斜交斜放网架由两组平面桁架斜向相交而成，弦杆与边界成斜角。 　　适用情况：只是在建筑上有特殊要求时才考虑使用，一般不宜使用	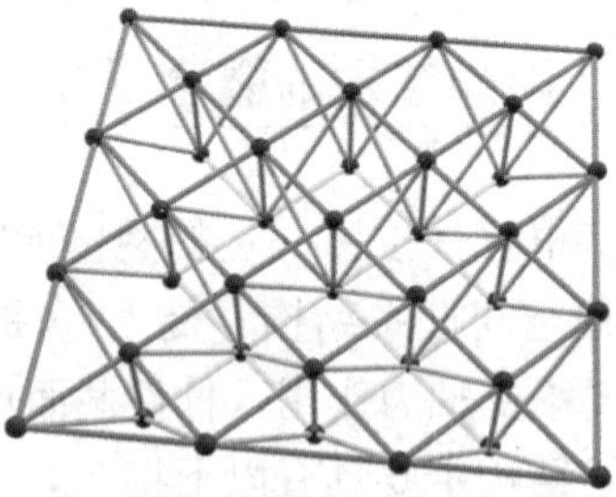
	三向网架	两向斜交斜放网架由两组平面桁架斜向相交而成，弦杆与边界成斜角。 　　适用情况：只是在建筑上有特殊要求时才考虑使用，一般不宜使用	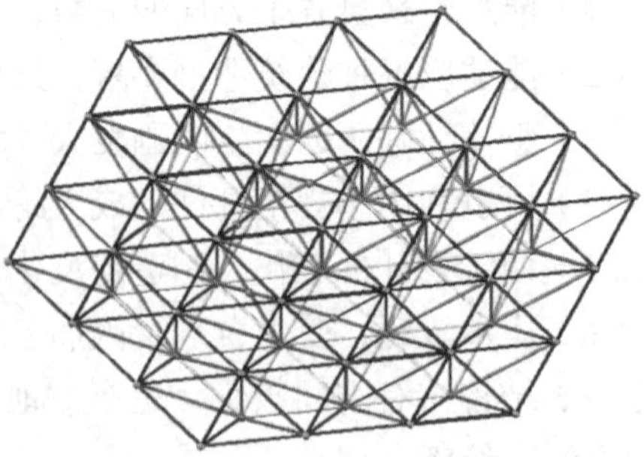
	单向折线形网架	类似于立体桁架，但不需布置支撑体系。只有沿跨度方向上、下弦杆，呈单向受力状态。为加强其空间刚度，应在其周边增设部分上弦杆件。 　　适用情况：矩形平面，周边支承，边长比大于 2	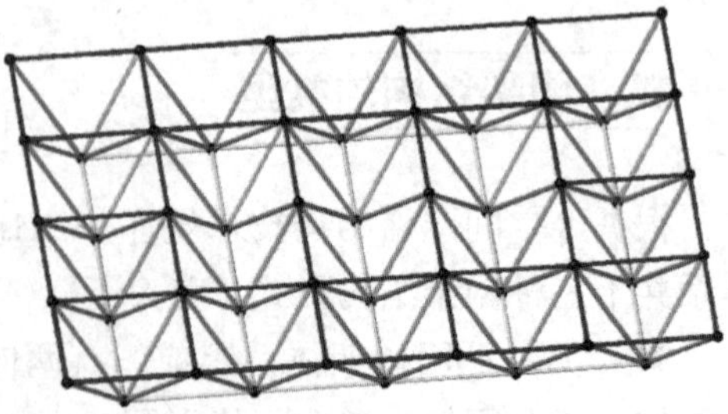

网架结构的类型		简介	图示
四角锥体系	正放四角锥网架	正放四角锥网架由倒置的四角锥体组成,锥底的四边为网架的上弦杆,锥棱为腹杆,各锥顶相连即为下弦杆。它的弦杆均与边界正交,故称为正放四角锥网架。 适用情况:适用于平面形状为矩形的周边支承网架,边长比小于1.5,大跨度工程	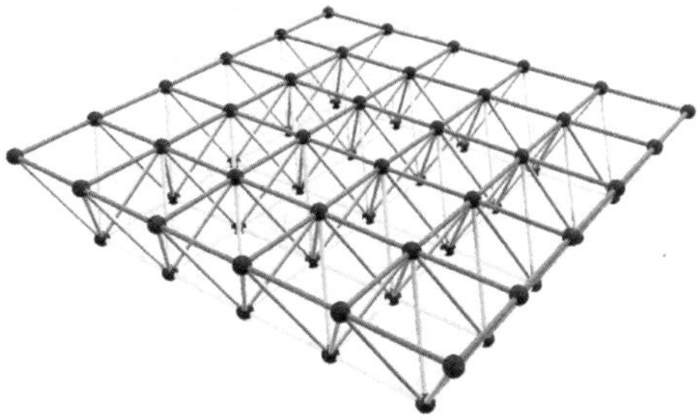
	正放抽空四角锥网架	正放抽空四角锥网架是在正放四角锥网架的基础上,除周边网格不动外,适当抽掉一些四角锥单元中的腹杆和下弦杆,使下弦网格尺寸扩大一倍。 适用情况:适用于平面形状为矩形的周边支承网架,边长比大于1.5	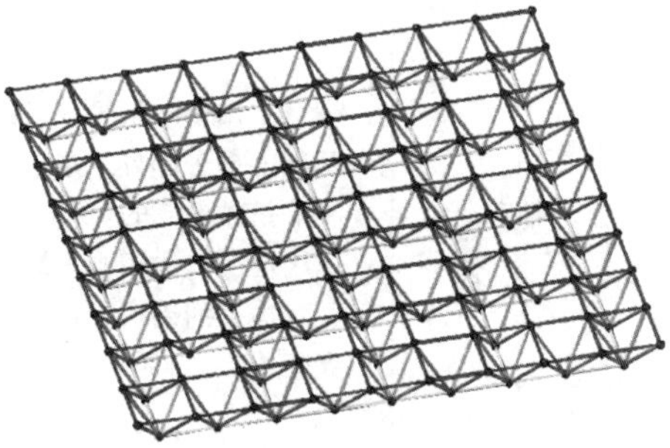
	斜放四角锥网架	斜放四角锥网架的上弦杆与边界成45°角,下弦正放,腹杆与下弦在同垂直平面内。 适用情况:适用于平面形状为矩形的周边支承网架,边长比大于1.5	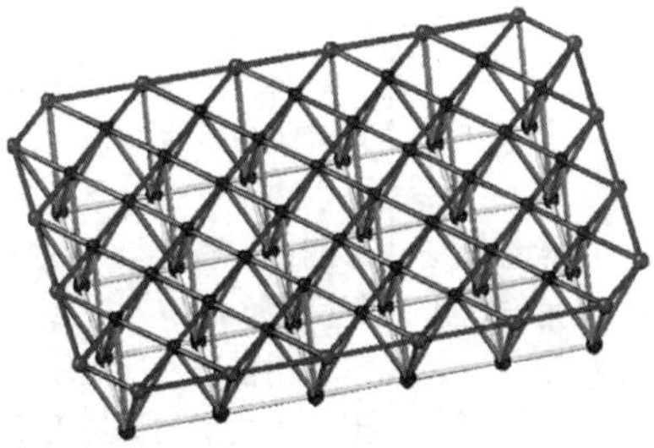
	棋盘形四角锥网架	棋盘形四角锥网架是在斜放四角锥网架的基础上,将整个网架水平旋转45°角,并加设平行于边界的周边下弦。 适用情况:适用于平面形状为矩形的周边支承网架,边长比大于1.5,中小跨度	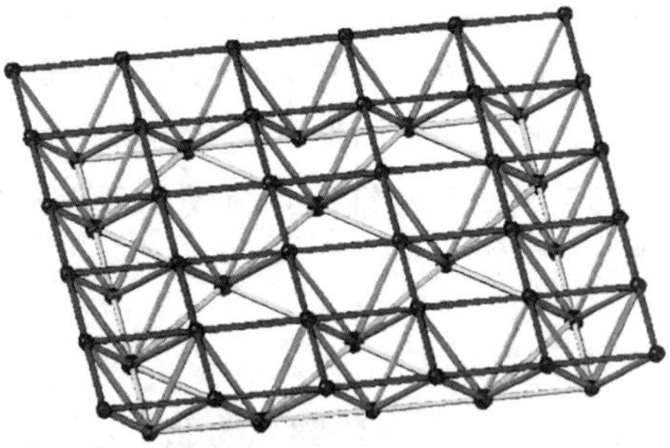
	星形四角锥网架	星形四角锥网架的单元体形似星体,星体单元由两个倒置的三角形小桁架相互交叉而成。 适用情况:适用于平面形状为矩形的周边支承网架,边长比小于等于1.5,中小跨度	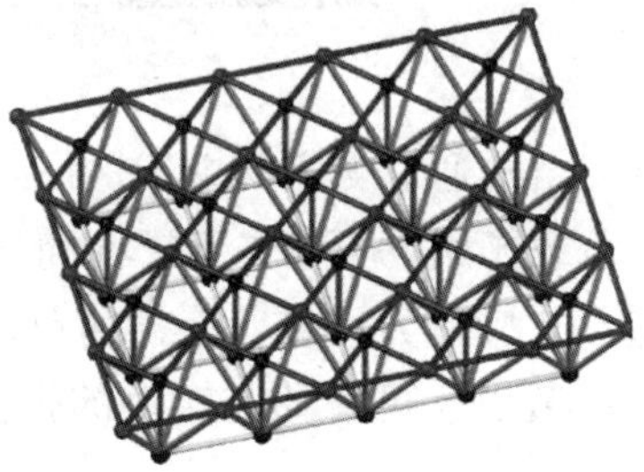

网架结构的类型		简介	图示
三角锥体系	三角锥网架	三角锥网架上下弦平面均为三角形网格，下弦三角形网格的顶点对着上弦三角形网格的形心。 适用情况：适用于平面形状为圆形、多边形的周边支承网架，边长比大于1.5，大跨度工程	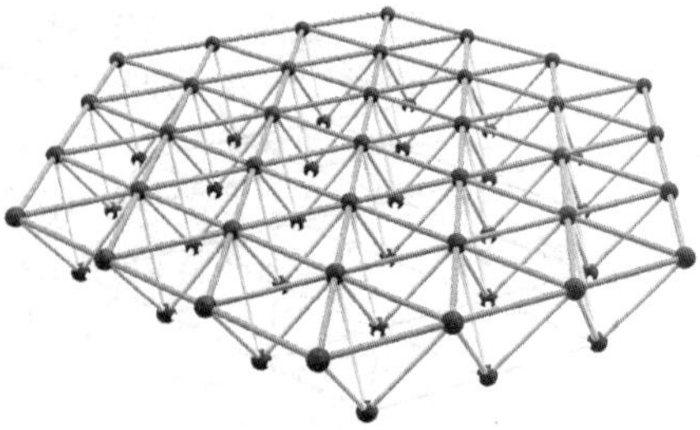
	抽空三角锥网架	抽空三角锥网架是在三角锥网架的基础上抽去部分三角锥单元的腹杆和下弦而形成的。 适用情况：适用于平面形状为圆形、六边形的周边支承网架，边长比大于1.5	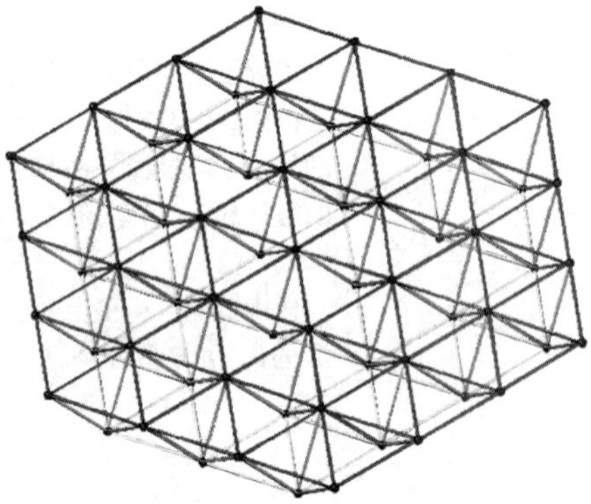
	蜂窝形三角锥网架	蜂窝形三角锥网架由一系列的三角锥组成。上弦平面为正三角形和正六边形网格，下弦平面为正六边形网格，腹杆与下弦杆在同一垂直平面内。 适用情况：适用于平面形状为圆形、六边形的周边支承网架，中小跨度	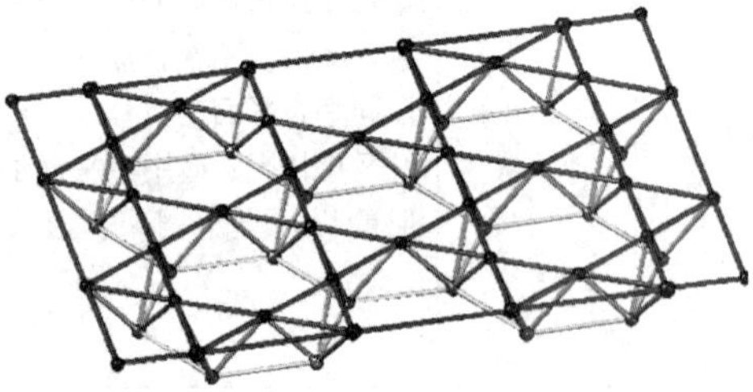

第二类由四角锥体系组成，有正放四角锥网架、正放抽空四角锥网架、斜放四角锥网架、棋盘形四角锥网架及星形四角锥网架五种形式。

第三类由三角锥体系组成，有三角锥网架、抽空三角锥网架及蜂窝形三角锥网架三种形式。

任务二　网架结构支座构造与识图

网架结构通过支座支撑于柱顶或梁上。网架结构的支座节点必须具有足够的强度和刚度，在荷载作用下不应先于杆件和其他节点而破坏，也不得产生不可忽略的变形。支座节点构造形式应传力可靠、连接简单，并应符合计算假定。支座节点主要有压力支座节点、拉力支座节点、可滑移与转动的弹性支座节点及兼受轴力、弯矩与剪力的刚性支座节点四种。

一、三种常用压力支座

（1）平板压力支座。平板压力支座通过十字节点板和底板将支座反力传递给下部结构，节点构造简单，加工方便，用钢量省，但是支撑底板与结构支撑面之间的应力分布不均匀，支座不能完全转动，受力后会产生一定的弯矩。其适用于支座无明显的不均匀沉降、温度应力影响不大的较小跨度（≤40 m）的网架，如图6-6所示。

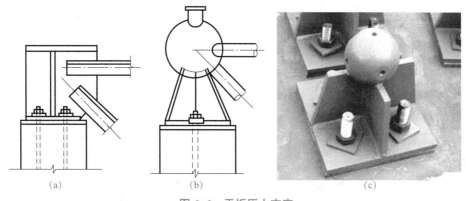

图6-6　平板压力支座
(a) 角钢杆件；(b) 钢管杆件；(c) 实物图

（2）单面弧形压力支座。单面弧形压力支座的构造与平板压力支座相似，是平板压力支座的改进形式。它在支座板与支承板之间加一弧形支座垫板，使其能转动。主要用于沿单方向转动的中、大跨度网架结构，如图6-7所示。

（3）双面弧形压力支座。双面弧形压力支座可用于温度应力变化较大且下部支承结构刚度较大的大跨度空间网格结构，如图6-8所示。

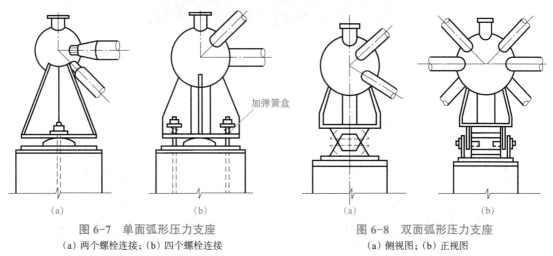

图6-7　单面弧形压力支座
(a) 两个螺栓连接；(b) 四个螺栓连接

图6-8　双面弧形压力支座
(a) 侧视图；(b) 正视图

二、两种常用拉力支座

（1）平板拉力支座，可用于较小跨度的网架结构。

（2）单面弧形拉力支座，可用于要求沿单方向转动的中、小跨度空间网格结构（图6-9）。

《空间网格结构技术规程》（JGJ 7—2010）还规定了其他一些支座节点构造，实际工程应根据具体情况进行选用。

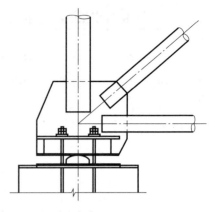

图6-9 单面弧形拉力支座

三、支座节点识图

（1）采用过渡板的板式支座的识图。采用过渡板的板式支座是在混凝土柱顶预埋一个大的钢板（预埋板）。网架支座所需的螺栓先焊接在过渡板上，再将过渡板和混凝土柱顶的预埋钢板焊接。因此，过渡板就是起固定螺栓群的作用，是螺栓与混凝土柱顶预埋版的过渡（图6-10、图6-11）。如果直接将螺栓一个一个焊接在混凝土柱顶的预埋板上，质量不易控制。

图6-10 过渡板的板式支座解析图

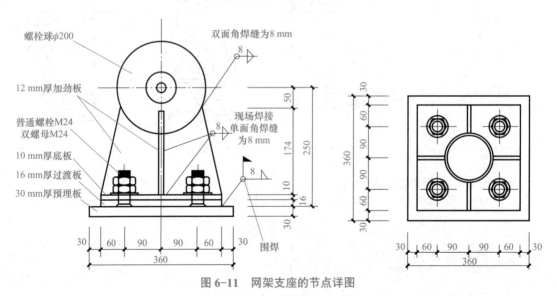

图6-11 网架支座的节点详图

（2）采用预埋地脚螺栓连接的支座的识图。网架预埋件也可以不采用过渡板，直接预埋地脚螺栓，如图 6-12 所示。采用过渡板仅仅是为了安装方便，便于调整水平尺寸，一般用于受力不是很大的支座。直接采用锚栓是更可靠的，只是要求土建预埋锚栓要非常精确，而且支座底板要开大孔，上面还要焊接垫板来固定和补偿底板的截面削弱，施工比较麻烦。

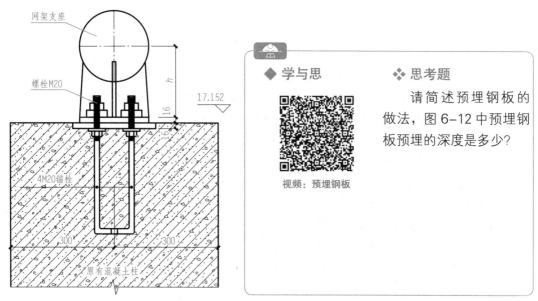

◆ 学与思   ❖ 思考题

　　请简述预埋钢板的做法，图 6-12 中预埋钢板预埋的深度是多少？

视频：预埋钢板

图 6-12　网架结构支座预埋锚栓连接大样

（3）采用橡胶垫块的板式支座的识图。钢结构网架橡胶垫板是由多层橡胶片和多层加劲钢板经加压、流化制成的，具有足够的竖向刚度，以支撑上部结构的垂直载荷。同时，通过其良好的弹性和较大的剪切变形，来满足上部结构因温度变化而引起的支撑结构的推力，并通过网架橡胶垫块的耗能起到减震、隔震作用。网架支座橡胶垫定位通孔，通过螺栓将垫块固定在支撑结构，如图 6-13 所示。

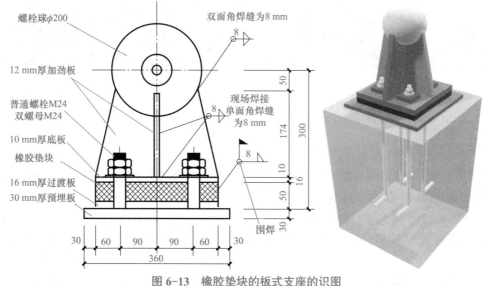

图 6-13　橡胶垫块的板式支座的识图

任务三 网架结构节点构造与识图

一、杆件

杆件可分为上弦杆、下弦杆和腹杆，主要承受拉力和压力。

网架的杆件可采用普通型钢或薄壁型钢。管材宜采用高频焊管或无缝钢管，当有条件时应采用薄壁管型截面。杆件采用的钢材牌号和质量等级应符合现行国家标准《钢结构设计标准》（GB 50017—2017）的规定。杆件截面应按现行国家标准《钢结构设计标准》（GB 50017—2017），根据强度和稳定性的要求计算确定。杆件截面的最小尺寸应根据结构的跨度与网格大小按计算确定，普通角钢不宜小于L50×3，钢管不宜小于$\phi48\times3$。对大、中跨度空间网格结构，钢管不宜小于$\phi60\times3.5$。

网架结构杆件分布应保证刚度的连续性，受力方向相邻的弦杆的杆件截面面积之比不宜超过1.8倍，多点支承的网架结构其反弯点处的上、下弦杆宜按构造要求加大截面。

在杆件与节点构造设计时，应考虑便于检查、清刷与油漆，避免易于积留湿气或灰尘的死角与凹槽，钢管端部应进行封闭，如图6-14所示。

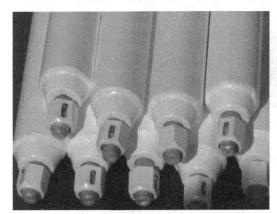

图6-14　网架结构杆件

二、节点

网架的节点可分为螺栓球节点、焊接空心球节点和支座节点等。目前，大多数的网架采用螺栓球节点和焊接空心球节点。

（1）螺栓球节点。螺栓球节点是通过螺栓将管形截面杆件与钢球连接起来的节点，由钢球、高强度螺栓、套筒、紧固螺钉、锥头或封板等零件组成，如图6-15和图6-16所示。

（2）焊接空心球节点。焊接空心球是由两个压制的半球焊接而成的，如图6-17所示。

可分为不加肋空心球（图6-18）和加肋空心球两种（图6-19）。这种节点形式构造简单、受力明确，但是节点的用钢量较大，是螺栓球节点的两倍，现场焊接工作量大，而且仰焊、立焊占很大比重。

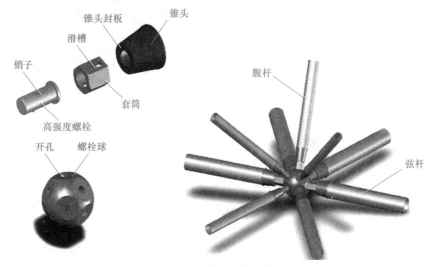

图 6-15　螺栓球节点的连接演示图

图 6-16　螺栓球节点

图 6-17　焊接节点

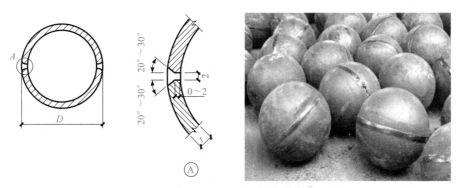

图 6-18　不加肋空心球

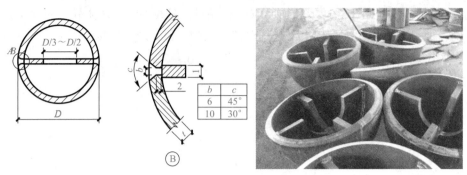

图 6-19　加肋空心球

当空心球直径过大且连接杆件又较多时，为了减少空钢管杆件心球节点直径，允许部分腹杆与腹杆或腹杆与弦杆相汇交，但应符合下列构造要求：

1）所有汇交杆件的轴线必须通过球中心线。

2）汇交两杆中，截面面积大的杆件必须全截面焊接在球上（当两杆截面面积相等时，取受拉杆），另一杆坡口焊接在相汇交杆上，但应保证有 3/4 截面焊接在球上，并应按图 6-20 设置加劲板；受力大的杆件，可按图 6-21 增设支托板。

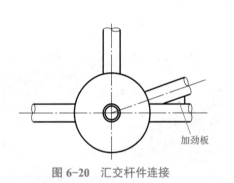

图 6-20　汇交杆件连接

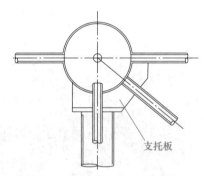

图 6-21　汇交杆件连接增设支托

任务四　网架结构识图

本任务为识读某学校体育馆网架结构的结构施工图，请对照本项目的图纸学习。

网架钢结构施工图主要包括网架结构设计总说明、网架结构平面布置图、网架上弦杆、下弦杆、腹杆平面布置图、节点详图、材料表等图纸，有时还包括屋面檩条布置图和支架平面布置图。

一、网架结构设计说明

在钢结构设计说明中，主要包括工程概况、设计依据、设计荷载、结构设计、材料的选用、制作与安装、防腐防火处理要求及其他需要说明的事项等内容。

（1）工程概况：主要包括建筑功能、平面尺寸、跨度、主体结构体系、周边支撑情况等基本资料，由此可以大体了解建筑的整体情况。

（2）设计依据：主要包括甲方的设计任务书，现行国家、行业和地方规范与规程及标准图集等，施工时也必须以此为依据。

（3）设计荷载：主要包括恒载、活载、风荷载、雪荷载及抗震设防烈度等有关参数。在施工和后期使用过程中，结构上的荷载均不得超过所给出的荷载值。

（4）结构设计：结构设计中主要包括结构使用年限、安全等级和结构计算原则、结构布置及主要节点构造，由此可以了解结构的整体情况。

（5）材料的选用：主要包括钢材、螺栓、焊条、钢球、钢管等有关材料的强度等级及其应符合的有关标准等。材料采购时，必须以这些作为依据和标准进行。

（6）制作与安装：主要包括切制、制孔、焊接等方面的有关要求和验收的标准，以及运输和安装过程中需要注意的事项和应满足的有关要求。

（7）防腐防火处理要求：主要包括钢构件的防锈处理方法和防锈等级与漆膜厚度等钢结构涂装，以及钢结构防火等级和构件的耐火极限等方面的要求。

（8）其他：主要包括钢结构建筑在后期使用过程中需要定期维护的要求，以及钢结构材料替换。

二、柱顶预埋件与柱位布置图

下列内容为本项目附件网架结构的项目图纸解析。

（1）施工图纸中"YM"表示预埋件，采用粗实线表示，混凝土框架柱采用双细实线（轮廓线）表示，轴线采用细点画线表示。

（2）预埋件布置在混凝土框架柱上，间距为 7 500 mm，预埋件沿轴线居中布置。

（3）从 YMJ 与混凝土柱连接大样图中可以看出，预埋件沿柱居中布置，预埋件顶与混凝土梁顶平齐，采用预埋锚栓连接。

（4）从预埋件详图中可以看出，锚板长度和宽度均为 240 mm，厚度为 16 mm，采用 4 根直径为 20 mm 的 HRB335 级预埋锚栓，预埋在混凝土柱中，锚栓长度为 750 mm。

三、网架平面布置图

下列内容为本项目附件网架结构的项目图纸解析。

（1）从平面布置图可以看出，网架平面尺寸为 52.1 m×38.8 m，网架高度为 20 m，为平板网架结构。上弦杆与建筑轴线呈 45°，形式为正放四角锥结构。

（2）网架上弦杆采用粗实线表示，下弦杆采用细虚线表示，腹杆采用细实线表示，节点用"○"表示，支座用"□"表示。

（3）下部混凝土柱仅与网架下弦节点连接，支撑形式为下弦周边支撑。

（4）Rz 表示网架竖向的反力，"－"表示方向向下，"＋"表示方向向上，一般正号省略不写，反力单位为 kN。

（5）从对称符号上看，网架杆件在两个方向上分别沿中心线对称。

四、网架杆件布置图

网架杆件布置图包括上弦杆布置图、下弦杆布置图、腹杆布置图。

（1）网架杆件布置图是按照网架杆件在两个方向上分别沿中心线对称的方式给出的网架上弦杆、下弦杆和腹杆的杆件截面图。

（2）在杆件编号中，上弦杆用"S"表示，下弦杆用"X"表示，腹杆用"F"表示。第二个数字是按照杆件截面的不同进行编号的，a及后面的数字是按杆件截面相同而长度不同进行编号的。ϕ 表示圆钢管，其后的数字为直径×厚度。钢管有无缝钢管和焊接钢管之分，两者受压性能不同，应按设计说明选用。

（3）球节点用①表示，○内的数字按照球规格的不同进行编号。"BS"表示螺栓球，其后的数字表示螺栓球直径。螺栓球采用45号优质碳素结构钢。

识图案例：以正放四角锥网架为例，为了更加直观地识图，本书将各杆件进行分解，分解为上弦杆布置图、下弦杆布置图、腹杆布置图，如图6-22～图6-27所示。

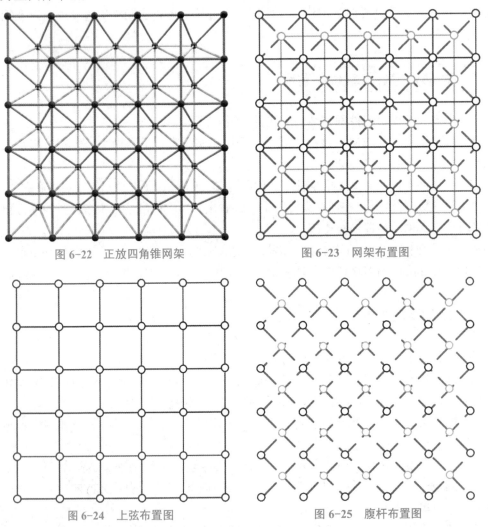

图 6-22　正放四角锥网架　　　　　图 6-23　网架布置图

图 6-24　上弦布置图　　　　　图 6-25　腹杆布置图

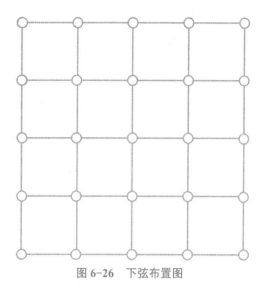

图 6-26　下弦布置图

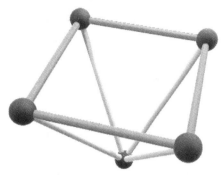

图 6-27　正放四角锥示意图

　　中国钢结构事业开拓者之一：陈绍蕃，浙江海盐人，结构工程专家，中国钢结构事业的开拓者之一（图 6-28、图 6-29）。他于 1940 年毕业于上海中法工学院土木工程系，1943 年获得重庆国立中央大学土木工程系（现东南大学土木工程学院）硕士学位。其主持编订的《钢结构设计规范》是我国首部钢结构设计标准规范，对我国钢结构的推广和应用影响深远。其编著的《钢结构设计原理》是钢结构的经典著作，是全国众多高校本科生钢结构课程的首选教材。

图 6-28　陈绍蕃

图 6-29　陈绍蕃在家中伏案写作

　　20 世纪 50 年代，钢结构建筑在世界上成为潮流。日本于 1958 年建成了东京铁塔，埃菲尔铁塔则诞生于 1889 年，而我国当时还没有像样的钢结构高层建筑，全国从事该研究的学者也屈指可数。此后的 20 余年间，我国大量使用钢梁、钢架等钢结构构件。因此，国家在 1972 年下达科研项目任务，编制属于自己的第一部钢结构工程设计规范。作为为数不多的钢结构工程专家之一，陈绍蕃成了该规范的技术"把关人"。在陈绍蕃看来，中华人民共和国成立后，由于缺乏相应的科研基础，我们只能借用苏联的规范，而欧洲很多国土面积不大的国家也都有自己的设计规范。

1974年，我国自行编制的第一部《钢结构设计规范》出版，这是一项从无到有的工程。陈绍蕃在规范编制过程中，坚持借鉴和创新相结合的原则，尽力对实际资料和以往的研究成果进行全面的分析推证，不仅发现了苏联规范中典型截面计算的错误，还结合中国实际分析总结出一个新的典型截面计算方法，求得合理系数后将其纳入中国规范，从而纠正了苏联规范中的错误之处，最终使我国规范成为世界规范先进水平的集中反映。

◆ 心得体会

中国钢结构事业开拓者陈绍蕃的事迹不仅于此，请学生在学习强国等网站搜索学习，并简述学习的心得体会。

项目小结

一、钢结构设计图的基本组成

结构施工图：结构设计说明、预埋锚件和柱位布置图、网架结构布置图、上弦杆布置图、下弦杆布置图、腹杆布置图、屋面布置图、屋面檩条布置图、剖面图。

二、网架结构概述

网架结构的特点；网架结构的类型。

三、网架结构支座构造与识图

认识预埋件，网架支座的识图，网架支座的组成。

四、网架结构识图

识读网架结构的施工图，根据图纸完成识图的职业活动训练。

项目训练

班级		姓名		学号		日期	

任务书：

学习完网架结构的基本知识后，请学生根据教师讲解相关内容，正确识读项目的网架结构施工图（图 6-30～图 6-35），并结合相关内容完成下列任务。

学习目标：

能够正确识读网架结构的结构施工图，培养学生严谨认真的识图态度。

引导问题 1：网架结构施工图包括哪些？网架结构的构件有哪些？

引导问题 2：根据网架结构支座详图显示，本项目的网架支座属于哪种形式_____（板式支座 / 含橡胶垫板式支座）。其中，过渡板的作用是什么？

引导问题 3：在识读网架布置图时，你是如何区分上弦杆、下弦杆、腹杆的？它们的线性有何区别？本项目网架结构属于哪种结构形式？

引导问题 4：螺栓球节点连接中杆件的组成包括哪些？

引导问题 5：上弦杆连接球节点处有_____根腹杆，_____根上弦杆，上弦杆到下弦杆的垂直距离是_____mm，弦杆的节点处有_____根腹杆，_____根下弦杆，网架结构中有_____个支座，在框架柱上的中间支座处连接了_____根腹杆，_____根下弦杆。

引导问题 6：网架结构有哪些结构形式？

附件：网架结构项目施工图

结构设计总说明

一、设计依据

1. 本设计是根据工艺、建筑等专业技术条件制成。

2. 国家现行建筑结构设计规范、规程应遵循下列规范、规程。

3. 钢结构设计、制作、安装、验收应遵循下列规范、规程。

（1）《钢结构设计标准》（GB 50017—2017）；

（2）《钢结构工程施工质量验收标准》（GB 50205—2020）；

（3）《钢结构焊接规范》（GB 50661—2011）；

（4）《涂装涂料前钢材表面锈蚀等级和除锈等级》（GB/T 8923.1—2011）：定第1部分：未涂覆过的钢材表面和全面清除原有涂层后的钢材表面的锈蚀等级和处理等级》（GB/T 8923.1—2011）；

（5）《建筑结构荷载规范》（GB 50009—2012）；

（6）《建筑抗震设计规范（2016年版）》（GB 50011—2010）；

（7）《空间网格结构技术规程》（JGJ 7—2010）；

（8）《空间网格结构工程质量检验及评定标准》（DG/T J08—89—2016）；

（9）《钢网架螺栓球节点用高强度螺栓》（GB/T 16939—2016）；

（10）《钢网架螺栓球节点》（JG/T 10—2009）；

（11）《钢网架焊接空心球节点》（JG/T 11—2009）；

（12）《门式刚架轻型房屋钢结构技术规范》（GB 51022—2015）；

4. 本工程设计计算所采用的计算程序。

（1）建模：采用3d3s钢结构计算软件。

（2）结构整体分析：采用3d3s钢结构计算软件。

二、本说明为本工程钢结构部分说明，基础及钢筋混凝土部分结构设计说明详见结施。

三、主要设计条件

1. 按重要性分类，本工程安全等级为二级。

2. 本工程主体结构设计使用年限为50年，基础设计使用年限为15年。

3. 本工程建筑设防类别为丙类，抗震设防烈度为6度，设计基本加速度为0.05 g；场地类别为二类。

4. 地区基本风压（按梧州市取）为0.3 kN/m²，地面粗糙度为B类。

5. 屋面荷载标准值：

（1）屋面恒载：1.0 kN/m²。

（2）吊挂荷载：0.12 kN/m²。

（3）屋面活荷载：0.5 kN/m²（上人屋面）。

（未经本院同意，施工过程中荷载标准值不得超过上述荷载值）

四、材料

1. 本工程主体钢架部分采用Q235B，预埋板及连接板采用Q235B，其化学成分及力学性能应符合国家相关材料规范的有关规定。

2. 本工程所采用的钢材涂料应满足国家材料规范要求，地震区尚应满足下列要求：

（1）钢材的抗拉强度实测值与屈服强度实测值的比值不应小于1.2；

（2）钢材应有明显的屈服台阶，其伸长率应大于20%；

（3）钢材应有良好的可焊性和合格的冲击韧性。

3. 屋面彩板：屋面彩板分三层（外板、岩棉芯板、内板）。外板0.6 mm厚760型，中间100厚岩棉，内板0.5 mm厚900型；除3轴及6～7轴上屋面采用折弯板外，纵向与长度方向不得搭接。

4. 墙面彩板：墙面彩板采用100 mm岩棉夹芯板，外板0.6 mm厚900型，中间100厚岩棉，内板0.5 mm厚900型。

5. 铝单板：所有铝单板均采用3 mm厚铝板，颜色由甲方自定。

6. 焊条：

（1）手工电弧焊焊条型号Q235；E43系列；Q345；E50系列；

（2）自动焊或半自动焊采用的焊丝和焊剂应与主体钢材相匹配。

7. 防火涂料：采用防火涂料要求，并经消防主管部门认可。若采用薄型防火涂料，厚度根据防火极限由建设单位根据建筑使用要求确定，若采用薄型防火涂料，并符合《钢结构防火涂料应用技术规程》（CECS24）的规定。主钢架防火极限不大于125 µm，楼板防火极限不小于1.0 h，且应与防锈油漆（涂料）进行相容性试验，试验合格后方可使用。

8. 所有钢件均采用热镀锌面材料。

9. 钢构件焊口需做环氧锌黄底漆，中间漆及面漆。

五、钢结构的制作

1. 钢结构的制作与安装应遵守《钢结构工程施工质量验收标准》（GB 50205—2017）的有关规定。

2. 钢结构制作与安装应具备必要的设备条件和人员技术条件，具有完善的质量保证体系，以保证工程质量。

3. 加工详图的设计：可根据本工程钢结构部分加工详图的深化设计，加工详图应能正确反映本设计的技术要求，采用正确的表示方法以保证钢结构混凝土工程的顺利施工，如有施工图中需修改部分，须经原设计单位同意并签署文件，工艺或其他原因需修改设计时，也有设计代号、工艺文件，修改才生效。

4. 材料应具备质量证明书，应符合国家标准的规定，必要时应进行取样检验。

5. 构件的组装应按工艺流程规定的组装次序进行，组装时的同累及位置偏差不应超过过规范规定的组装允许偏差。

6. 焊接：首次采用的钢种、接头型式及工艺及工艺方法，均须进行焊接工艺评定，并根据工艺评定合格的试验成果和数据编制焊接工艺文件。焊工应持证上岗，并应严格按照焊接工艺文件规定进行焊接，以保证焊接质量。

7. 焊接时应注意防止焊接变形的产生，应选择合理的焊接顺序及焊接变形，施焊顺序上岗，以减小钢结构中产生的焊接应力和焊接变形。

（1）图中标明的地方均为焊接。

（2）焊接顺序，见图。

（3）构件角焊缝的厚度范围见下表。

结构设计总说明

角焊缝的最小焊角尺寸 h_f

较厚焊件的厚度/mm	手工焊接 h_f/mm	埋弧焊接 h_f/mm
≤4	4	3
5~7	4	3
8~11	5	4
12~16	6	5
17~21	7	6
22~26	8	7
27~36	9	8

角焊缝的最大焊角尺寸

较薄焊件的厚度/mm	最大焊角尺寸 h_f/mm
≤4	5
5~7	6
8~11	7
12~16	8
17~21	10
22~26	12
27~36	14

（4）焊缝质量等级：梁翼缘与柱、端板与柱焊缝等级为一级，其余为三级。所有非焊透坡口焊，焊缝质量应达到二级。

（5）图中未注明的焊缝高度均为8mm。

六、钢结构的运输、堆放

1. 在运输及安装过程中应采取措施防止构件变形和损坏。
2. 结构安装前应对构件进行全面检查，检查构件的数量、长度、垂直度，构件孔之间的尺寸是否符合设计要求等。
3. 构件放场地时应将螺栓孔垫平整垫实，做好四周排水。
4. 构件堆放时，应用木方木整垫起，不宜直接将构件放置于地面上。
5. 檩条卸货后，校对以防止檩条出现"白化"现象。

七、柱脚及基础锚栓：

（1）应在混凝土柱上用墨线将各个柱中心线弹出。
（2）基础底板，锚栓尺寸经复核按《钢结构工程施工质量验收标准》（GB 50205-2020）要求且基础混凝土强度等级达到设计强度等级的75%后方可进行钢柱安装。
（3）柱脚锚栓采用螺母可调平方案。待结构形成空间单元，柱脚用C30微膨胀自流细石混凝土浇筑捣实，确保密实。
经检测，校对柱脚尺寸无误后，柱脚用C30微膨胀自流细石混凝土浇筑捣实，确保密实。

结构安装：

2. 结构安装：
（1）刚架安装：一般先安装靠近山墙间的有柱间支撑的两榀刚架，而后安装其他刚架。
（2）头两榀刚架安装完毕后，应再两榀刚架间安装好水平系杆及连系杆，并调整刚架间的垂直及水平平面。调整正确后方可锁定定位系杆，而后安装其他刚架。
（3）檩条的安装应待主刚架调整定位后进行，檩条安装时应待主结构拉杆调整平直度。
（4）结构吊（安）装时，应采取有效措施，并防止产生过大变形。
（5）结构安装完成后，对所有的连接螺栓应逐一检查，以防漏拧、松动。
（6）不得利用已安装就位的构件起吊其他重物，不得在构件上加焊钩耳或做其他操作。
（7）屋面主檩条直接焊于网架杆件上，屋面次檩条与屋面主檩条焊接，具体做法详见大样。

3. 围护系统安装：
（1）屋面铝单板与屋面彩板搭接横向之间的搭接不得少于500 mm。
（2）屋面铝单板与屋面彩板搭接横向之间的搭接不得少于屋面彩板两个小波峰。
（3）屋面彩板搭接在与屋面彩板搭接收头需卷边，高度不得少于100 mm。
（4）所有断开并处彩板在水槽处断开并外均不允许搭接；

（5）所有墙面彩板只能在横向方向进行搭接，长度方向均不允许搭接。

八、钢结构涂装

1. 除锈：除锈钢构件外，制作前钢构件表面均应进行喷砂（抛丸）除锈处理，不得手工除锈，除锈质量等级应达到国标《涂覆涂料前钢材表面处理的目视评定》（GB 8923）中Sa2.5级标准。
2. 涂漆：除镀锌钢构件外，经除锈处理后，喷镀锌底漆，漆膜总厚度不小于75 μm，等底漆干透后进行中间漆的喷涂，最后再喷涂两道氟碳面漆，漆膜总厚度不小于125 μm。

九、钢结构维护

钢结构使用过程中，根据使用情况（如涂料使用年限，结构使用环境条件等）定期对结构进行涂装（如对构件起吊其他重物，更换损坏构件等），以确保钢结构安全。

十、其他

1. 本设计未考虑雨期施工，雨期施工时应采取相应的施工技术措施。
2. 未尽事宜应按照现行施工及验收规范、规程进行施工。

××体育馆扩建项目
××体育馆有限责任公司
××建筑设计院有限公司

钢结构设计说明

审定	×××	负责人	×××
审核	×××	工种负责	×××
校对	×××	设计	×××

图号 GS-02
建施 2011图-08-30
日期 2017.01

图6-30 钢结构设计说明（续）

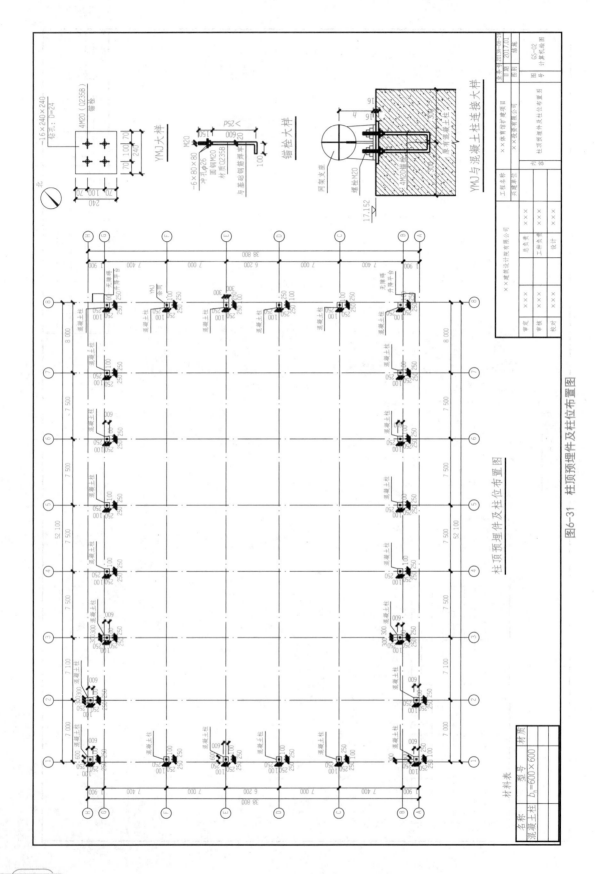

图6-31　柱顶预埋件及柱位布置图

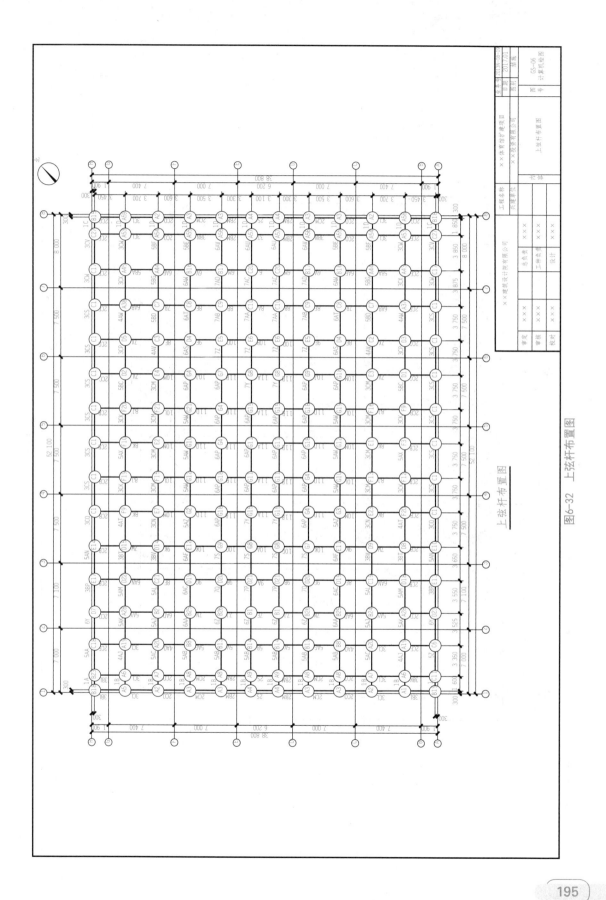

上弦杆布置图

图6-32 上弦杆布置图

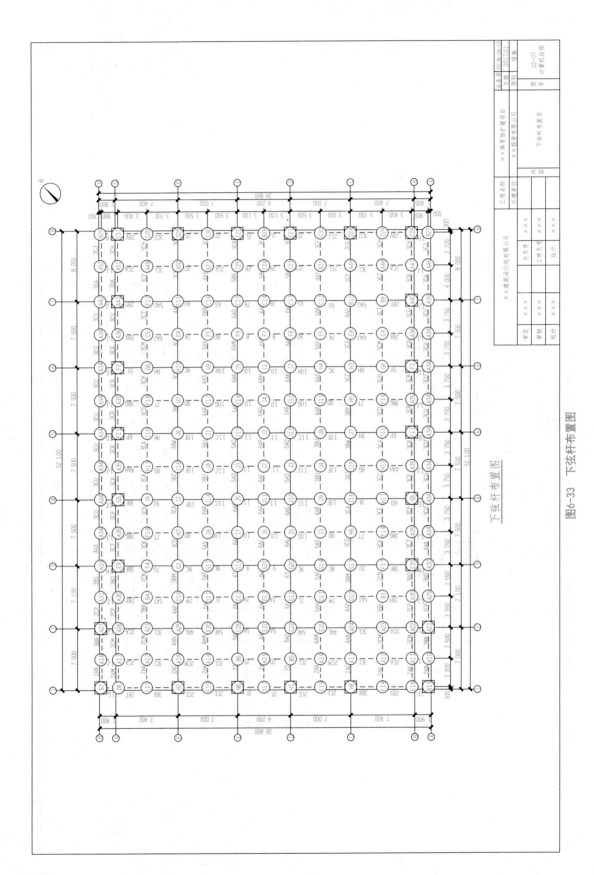

下弦杆布置图

图6-33 下弦杆布置图

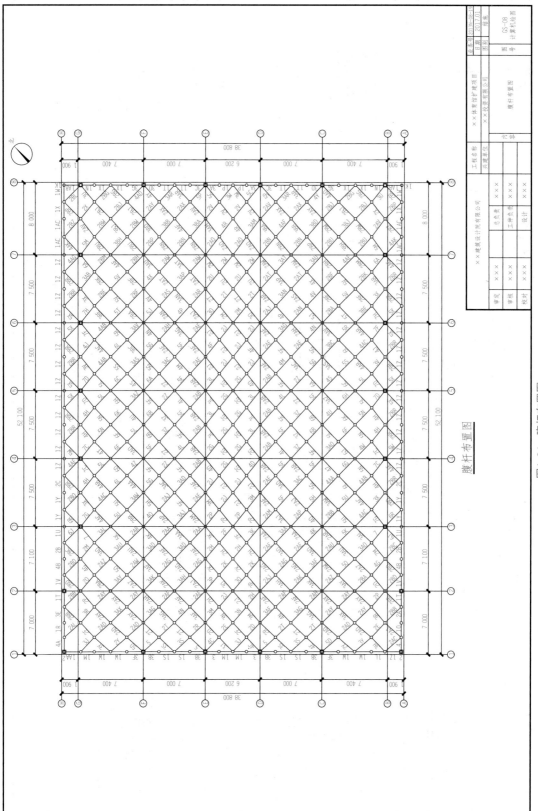

腹杆布置图

图6-34 腹杆布置图

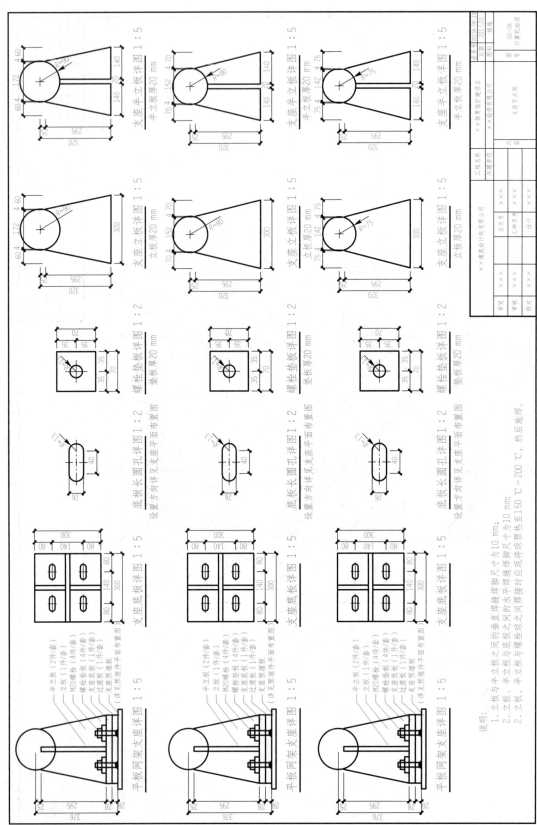

图6-35 支座节点图

模块三

装配式钢结构工程施工

项目七　装配式钢结构工程制作与安装

项目目标

知识目标

（1）掌握钢材进场的验收理论；

（2）了解钢构件的制作流程、连接方式、防火涂料施工方法；

（3）了解钢结构构件吊装顺序、安装的方法。

能力目标

（1）能够记录钢材及钢构件的检验记录；

（2）能够验收钢结构安装的施工质量；

（3）能够指导钢结构安装的施工。

素养目标

（1）具备严谨、认真的职业精神和规范意识；

（2）不触碰底线，严守职业道德；

（3）合理利用与支配各类资源的能力、处理人际关系的能力。

项目描述

本项目以建造师职业资格证书和现场施工指导、管理人员的实际需求出发，按照《钢结构工程施工规范》（GB 50755—2012）和《建筑钢结构防火技术规范》（GB 51249—2017）等相关规范要求，以钢结构制作和施工的流程为主线。钢结构制作方面，讲解钢结构构件制作的材料、制作的工艺、制作的连接方式和防火涂装；钢结构施工方面，讲述了单层工业厂房、高层钢结构、网架结构常见结构和压型金属板安装的工艺。

项目内容

钢结构的材料；钢结构构件的制作；钢结构构件的连接；钢结构防火涂装；钢结构单层厂房安装；高层钢结构安装；网架钢结构的安装准备；压型金属板安装，如图 7-1 和图 7-2 所示。

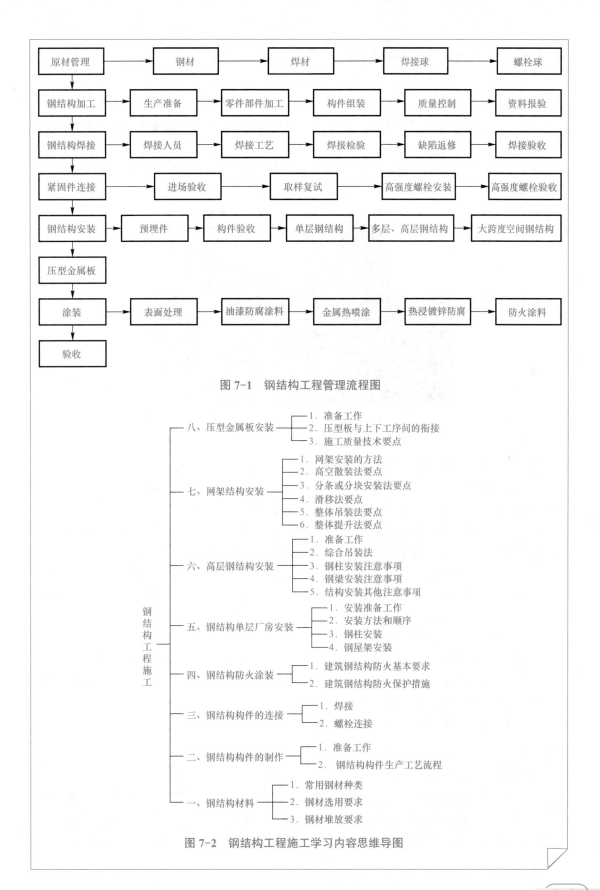

图 7-1 钢结构工程管理流程图

图 7-2 钢结构工程施工学习内容思维导图

上海某项目工地内发生一起钢结构坍塌事故，事故造成2人死亡、3人重伤。

直接原因：钢结构校正施工人员郭某、李某进行8层悬挑梁校正施工时，将手拉葫芦固定在未完成腹板、翼板焊接（未按规定完全固定）的9层悬挑梁上，9层悬挑梁受到附加荷载后，钢梁与钢柱连接部位变形，螺栓受剪断裂，导致9层悬挑梁整体坍落，压垮8层悬挑梁后翻落至地面，造成5名施工员被砸压和高坠伤亡。悬挑梁上设有吊耳，固定生命绳的钢管立杆脱落，拉设的生命绳已经断裂（图7-3）。

图7-3　钢管立杆脱落，拉设的生命绳已经断裂

间接原因：

（1）公司没有按照施工方案要求逐层安装，在8层悬挑梁尚未安装固定（校正焊接固定完毕）的情况下，违反先下后上的要求违规吊装了9层部分悬挑梁，且在撒吊后仅完成螺栓初拧，没有采取其他任何辅助固护措施。现场施工人员对手拉葫芦的挂点要求不了解、不掌握，不具备相应施工的资质资格和知识技能。危险性较大的施工现场没有安排安全管理人员进行现场监督监护，施工人员凭经验盲目施工的行为无人制止。

（2）对公司项目部管理人员未到岗、长期脱岗等问题没有采取相应的安全管控措施。对钢结构安装及校正施工的风险辨识不到位。对分包单位特种作业人员操作证审核不严。对存在较大危险性的悬挑梁起吊安装和校正焊接现场施工过程监督监管缺失，没有及时发现和制止钢结构公司的违规施工行为。

（3）对钢结构施工人员的特种作业操作资格没有进行严格审核。对存在较大危险性的悬挑梁起吊安装和校正焊接现场施工过程没有依法进行重点安全巡视检查，没有及时发现和有效制止违规施工行为。

最终董事长、项目经理等4人被追刑责、12人被处理、3人免责。

◆ 心得体会

从工程事故中汲取经验教训，避免类似事故发生，是值得工程界深思的一个问题。有些事故是不可逆的，会造成重大影响，涉及刑事责任甚至对企业造成重大损失。希望大家吸取事故教训，坚决遏制违法违规生产行为。作为建筑人应该遵守的职责有哪些呢？

任务一 钢结构材料

（1）在钢结构工程中，常用的钢材有普通碳素钢、优质碳素结构钢、普通低合金钢三种。

（2）钢材的品种、规格、性能等应符合现行国家产品标准和设计要求。进口钢材产品的质量应符合设计和合同规定标准的要求，如图7-4和图7-5所示。

视频：厂房建造中钢结构材料要求　　视频：钢板检测注意事项　　视频：角钢检验要求

图7-4　产品质量证书

图7-5　钢材检验证书

（3）钢材的堆放要便于搬运，要尽量减少钢材的变形和锈蚀，钢材端部应树立标牌，标牌应标明钢材规格、钢号、数量和材质验收证明书，如图7-6所示。

图7-6　钢材堆放

（4）验收文件。

1）质量证明文件：钢材进场应有随货同行的质量合格证明文件，进口钢材应有国家商检部门的复验报告。

2）外观检查：钢材端边或断口处不应有分层、夹渣等缺陷；钢材表面有锈蚀、麻点或划痕等缺陷时，其深度不得大于该钢材厚度允许偏差值的1/2，且锈蚀等级应在C级及C级以上。

3）允许偏差抽查：钢板抽查厚度，型钢抽查规格尺寸，每一品种、规格各抽查5处。

4）抽样复验：国外进口钢材、钢材混批、板厚≥40 mm且有Z向性能要求的厚板、结构安全等级为一级大跨度结构中主要受力构件采用的钢材、设计有复验要求的钢材、对质量有疑义的钢材应进行抽样复验。

（5）钢材及钢构件检验记录。

主控项目：钢材的品种、规格、性能等应符合现行国家产品标准和设计要求。进口钢材产品的质量应符合设计和合同规定标准的要求。

检查数量：全数检查。

检验方法：检查质量合格证明文件、中文标志及检验报告等。

一般项目：钢板厚度、型钢的规格尺寸、表面外观等通过观察或抽查方式检查其质量应符合国家标准及产品要求。

任务二　钢结构构件制作

钢结构构件加工设备

切割下料

拼焊矫一体机

喷砂、喷丸、抛丸到底有什么区别

一、准备工作

钢结构构件加工前，应先进行施工详图设计、审查图纸、提料、备料、工艺试验和工艺规程的编制、技术交底等工作。施工详图和节点设计文件应经原设计单位确认。

1. 深化设计

钢结构详图由钢结构制造厂或施工单位进行深化，一般钢结构制造厂有专门的深化设计部门，将钢结构施工图深化为钢结构详图，标注好角度、焊缝长度、孔位孔径，统计出材料用量表以便于加工（目前多用钢结构详图设计软件 Tekla Structures 进行深化设计），如图7-7所示。

深化设计后的图纸应满足业主或设计单位的技术要求，并应符合当地的设计规范和施工规范，能直接指导部件加工和现场施工。

2. 排版提料

（1）排版提料的概念：通过相关技术手段，预先确定工程需要材料的名称、规格、材质、板幅、重量等相关信息的技术工作，用以满足在工程开工前准确采购材料的要求。

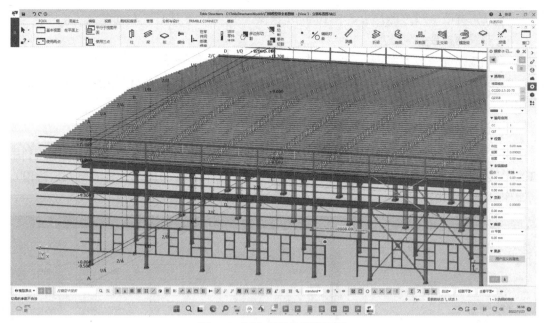

图 7-7　深化设计软件截面图

（2）排版提料的关键：合理确定钢板宽度以达到整个项目的材料损耗最小。

钢构厂的数控切割机一般都带有编程套料软件，也能自动排版。

（3）排版提料流程：如图 7-8 和图 7-9 所示。

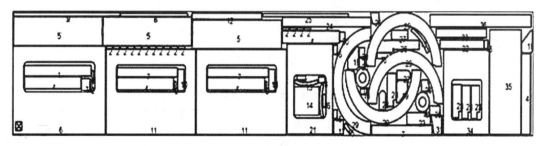

图 7-8　排版提料流程图

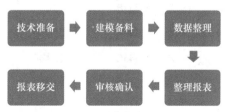

图 7-9　排版提料流程

（4）排版提料要点。

1）核心方法：根据钢板的整倍数并考虑割缝及切边宽度后，试算钢板宽度；钢板定宽是核心工作，长度不考虑定尺。

2）需要收集所有大件、小件等零件板的厚度、材质、宽度、长度尺寸。

3）厚度 12 mm 及以下钢板采用开平板，常见宽度有 1 500 mm、1 800 mm 两种。

4）厚度 12 mm 以上钢板选用热轧钢板，自由订宽，板幅一般为 1 700 ～ 2 700 mm。

5）切边宽度一般考虑每边 5 ~ 10 mm，割缝一般考虑每刀 1 ~ 2 mm。

6）花纹钢板要特别注明。

7）钢板损耗一般考虑 3%；型材、栓钉、高强度螺栓等损耗一般考虑 1%。

8）钢板要注明供货状态，厂房一般为热轧，很少采用正火；型材要按照设计件内的要求注明采购名称，截面规格要符合设计、规范要求。

3. 生成备料清单

（1）图纸备料清单：构件制作厂依据经项目甲方确认的可进行备料的设计图纸，利用 TEKLA 软件建立备料模型，汇总并编制工程所需要的板材和型材图纸备料清单（图 7-10）。当制作厂确定后由项目部协调制作厂编制备料清单，见表 7-1。

图 7-10　TEKLA 操作流程

表 7-1　图纸备料清单

工程名称：			分部工程（区域）：		编号：	
序号	名称	规格或板厚 /mm	材质	图纸净重 /kg	板幅定尺 /mm	备注
1	开平板	6	Q235B	1.14	不定宽	
2	热轧钢板	12	Q345B	12 799.60	2 060	
3	热轧钢板	14	Q345B	14 238.48	2 430	
4	热轧钢板	15	Q345B	16 033.97	2 470	
5	热轧钢板	16	Q345B	62 166.52	2 380	
6	热轧钢板	16	Q345B	38 166.89	2 270	
7	热轧钢板	16	Q345B	30 067.09	2 000	
8	热轧钢板	16	Q345B	291.87	不定宽	

（2）材料采购计划：项目部依据板材和型材图纸备料清单，结合项目实际工期、合同和市场材料供应情况，编制材料采购计划。主要内容包括物资内容、材质、规格、采购量、交货状态、技术要求、进场时间、品牌、送货地点及其他，见表 7-2。

表 7-2　材料采购计划表

材料采购计划

填报项目：××××××　　时间：××××年××月×××日　　表格编号　　填报单位　　第×页，共×页

计划编号：××

序号	物质内容	材质	规格		采购量		交代状态	进场时间	品牌/厂家	进货地点	技术要求
			型号	宽度/m	件数	质量/t					
1											
2											
3											
4											
5											
6											
7											
8											
9											
10											
11											
12											
13											
14											
15											
合计											

项目审核（项目经理）：　　项目审查（生产经理）：　　项目编制（技术负责人）：

审批（生产分管领导）：　　机关审核（物资采购经理）：　　设计中心审核（项目负责人）：

4. 机具准备

钢结构加工所需机械设备可从企业自有机械设备调配，或租赁，或购买。机械设备操作人员应持证上岗，实行岗位责任制，严格按照操作规范作业。钢结构加工工艺所使用的主要加工机具见表7-3。

表7-3 主要机具设备统计表

机具、设备用途	主要加工机具设备
运输设备	桥式起重机、门式起重机、汽车起重机、叉车、运输汽车
加工设备	型钢带锯机、数控切割机、多头直条切割机、型钢切割机、半自动切割机、仿形切割机、圆孔切割机、数控三维钻床、摇臂外床、磁轮切割机、车床、钻铣床、坐标镗床、相贯线切割机、刨床、立式压力机、剪板机、卷板机、翼缘矫正机、端面铣床、滚剪倒角机、磁力电钻
焊接设备	直流焊机、交流焊机、O_2焊机、埋弧焊机、焊接滚轮架、焊条烘干箱、焊剂烘干箱
涂装设备	电动空压机、柴油发电机、喷砂机、喷漆机
检测设备	超声波探伤仪、数字温度仪、漆膜测厚仪、数字钳形电流表、温湿度仪、焊缝检验尺、磁粉探伤仪、游标卡尺、钢卷尺等

二、钢结构构件生产的工艺流程

（1）放样：以1：1大样放出节点，核对各部分的尺寸，制作样板和样杆作为加工的依据（表7-4、图7-11）。

表7-4 放样允许偏差

项目	允许偏差
平行线距离和分段尺寸	±0.5 mm
板样长度	±0.5 mm
板样宽度	±0.5 mm
板样对角线差	1.0 mm
板样长度	±1.0 mm
板样的角度	±20′

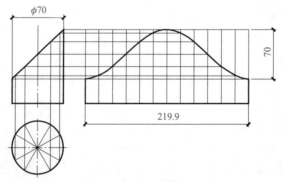

图7-11 放样

（2）号料：包括检查核对材料，在材料上画出切割、铣、刨、制孔等加工位置，打冲孔，标出零件编号等（表7-5、图7-12）。

表7-5 号料允许偏差

项目	允许偏差/mm
零件外形尺寸	±1.0
孔距	±0.5

图7-12 号料

放样和号料具体步骤如下。

1）钢材核检。在钢板上划线前必须核对钢板的牌号、规格。放样的钢材必须摆平放稳，不得弯曲（图7-13）。

2）控制基准。应将基准线、基准点、孔中心线、弯曲线、中线、钻孔线、切割线、边缘机加工线等标明，打上样冲眼，并用油漆做出明显标记（图7-14）。

图7-13 钢材核检

图7-14 控制基准

3）放样。放样时，要预留加工余量（图7-15），包括端铣量和焊接收缩余量。划长条直线时，除两端应打样冲眼外，每隔2.0 m也应打上样冲。

4）余料处理。对余料、边料按排版图进行编号标识、办理退库，便于物资管理部门对材料的控制（图7-16）。

图7-15 预留加工余量

图7-16 余料处理

（3）切割下料：包括氧割（气割）、等离子切割等高温热源的方法和使用机切、冲模落料和锯切等机械力的方法。

1）气割下料。利用氧气与可燃气体混合产生的预热火焰加热金属表面达到燃烧温度并使金属发生剧烈的氧化，放出大量的热促使下层金属也自行燃烧，同时通以高压氧气射流，将氧化物吹除而形成一条狭小而整齐的割缝。

气割法有手动气割、半自动气割和自动气割。手动气割割缝宽度为 4 mm，自动气割割缝宽度为 3 mm。气割的允许偏差见表 7-6。

表 7-6　气割的允许偏差

项目	允许偏差
零件宽度、长度	±3.0 mm
切割面平面度	$0.05t$，且不应大于 2.0 mm
割纹深度	0.3 mm
局部缺口深度	1.0 mm
注：t 为切割面厚度。	

气割法设备灵活、费用低廉、精度高，能切割各种厚度的钢材，尤其是带曲线的零件或厚钢板，是目前使用最广泛的切割方法（图 7-17～图 7-19）。

图 7-17　直线气割机

图 7-18　气割下料

图 7-19　CNC 切割生产线

2）机械剪切下料。通过冲剪、切削、摩擦等机械来实现（图 7-20、图 7-21）。

①冲剪切割：当钢板厚度 ≤ 12 cm 时，采用剪板机、联合冲剪机切割钢材，速度快、效率高，但切口略粗糙。

②切削切割：采用弓锯床、带锯机等切削钢材，精度较好。

③摩擦切割：采用摩擦锯床、砂轮切割机等切割钢材，速度快，但切口不够光洁、噪声大。

图 7-20　液压联合冲剪机

图 7-21　锯床

3）等离子切割下料。利用高温、高速的等离子焰流将切口处金属及其氧化物熔化并吹掉来完成切割，能切割任何金属，特别是熔点较高的不锈钢及有色金属铝、铜等（图7-22、图7-23）。

图7-22　等离子切割机

图7-23　数控等离子切割机

（4）平直矫正：用型钢矫正机的机械矫正（图7-24～图7-26）和火焰矫正等。

图7-24　H型钢翼缘矫正机

图7-25　板材矫正机

图7-26　钢管矫直机

钢材在存放、运输、吊运和加工成型过程中会变形，必须对不符合技术标准的钢材、构件进行矫正。钢结构的矫正，是通过外力或加热作用迫使钢材反变形，使钢材或构件达到技术标准要求的平直或几何形状。

矫正的方法有火焰矫正（也称热矫正）、机械矫正和手工矫正（也称冷矫正）。火焰矫正是对构件进行局部加热冷却后板材收缩，从而达到矫正的目的。机械矫正依靠机械辊轮的外力作用去除板面的变形，如波浪变形。矫正后的钢材表面，不应有明显的凹痕或损伤，划痕深度不得大于0.5 mm，且不应大于该钢材厚度允许负偏差的1/2，见表7-7。

表7-7　钢材矫正后的允许偏差　　　　　　　　　　mm

项目		允许偏差	图例
钢板的局部平面度	$t \leqslant 14$	1.5	
	$t>14$	1.0	
工字钢、H型钢翼缘对腹板的垂直度		$b/100$ 且不大于2.0	

1）火焰矫正（图7-27）。利用火焰对钢材进行局部加热，被加热处理的金属由于膨胀受阻而产生压缩塑性变形，使较长的金属纤维冷却后缩短而完成。影响矫正效果的因素有火焰加热位置、加热的形式、加热的温度。火焰矫正加热的温度对于低碳钢和普通低合金

钢为 600 ℃～ 800 ℃。

2）机械矫正（图 7-28）。机械矫正是通过专用矫正机使弯曲的钢材在外力作用下产生过量的塑性变形，以达到平直的目的。

①拉伸机矫正：用于薄板扭曲、型钢扭曲、钢管、带钢、线材等的矫正。

②压力机矫正：用于板材、钢管和型钢的矫正。

③多辊矫正机：用于型材、板材等的矫正。

图 7-27　火焰矫正

图 7-28　机械矫正

3）手工矫正（图 7-29）。采用锤击的方法进行，操作简单灵活。由于矫正力小、劳动强度大、效率低而用于矫正尺寸较小的钢材或矫正设备不便于使用时采用。

（5）边缘及端部加工：方法有铲边、刨边、铣边、碳弧气刨、半自动和自动气割机、坡口机加工等（图 7-30 ～图 7-32）。

对于尺寸精度要求高的腹板、翼缘板、加劲板、支座支撑面和有技术要求的焊接坡口，需要对剪切或气割过的钢板边缘进行加工。

边缘加工的方法有铲边、刨边、铣边和碳弧气刨边。

图 7-29　手工矫正

图 7-30　钢板铣边机

图 7-31　端面铣

图 7-32　滚剪倒角（坡口）机

（6）滚圆：可选用对称三轴滚圆机、不对称三轴滚圆机和四轴滚圆机等机械进行加工。

（7）煨弯：根据不同规格材料可选用型钢滚圆机、弯管机、折弯压力机等机械进行加工。

1）弯卷：钢板卷曲。钢板卷曲是通过旋转辊轴对板料进行连续三点弯曲所形成的

（图 7-33）。钢板卷曲包括预弯、对中和卷曲三个过程。

①预弯：钢板在卷板机上卷曲时，两端边缘总有卷不到的部分，即剩余直边。通过预弯消除剩余直边。

②对中：为防止钢板在卷板机上卷曲时发生歪扭，应将钢板对中，使钢板的纵向中心线与滚筒轴线保持严格的平行。

图 7-33　钢板卷曲

③卷曲：对中后，利用调节辊筒的位置使钢板发生初步的弯曲，然后来回滚动而卷曲。

2）弯卷：型材弯曲。

①型钢弯曲（图 7-34）：型钢弯曲时断面会发生畸变，弯曲半径越小，则畸变越大。应控制型钢的最小弯曲半径。构件的曲率半径较大，宜采用冷弯；构件的曲率半径较小，宜采用热弯。

②钢管弯曲（图 7-35）：在自由状态下弯曲时截面会变形，外侧管壁会减薄，内侧管壁会增厚。

图 7-34　型材弯曲机

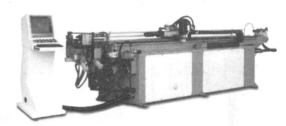

图 7-35　全自动弯管机

弯制方法：管中加入填充物（砂）或穿入芯棒进行弯曲；或用滚轮和滑槽在管外进行弯曲。

弯曲半径：管径的 3.5 倍（热弯）到 4 倍（冷弯）。

（8）制孔：可采用钻孔、冲孔、铣孔、铰孔、镗孔和锪孔等方法。钻孔采用钻床、电钻、风钻和磁座钻等加工（图 7-36～图 7-41）。

图 7-36　设备选用

图 7-37　加工机具调用

图 7-38　钻孔

图 7-39　三维钻床

图 7-40　磁力钻

图 7-41　打磨

（9）钢结构组装：可采用仿形复制装配法、专用设备装配法、胎模装配法等。

1）构件组装宜在组装平台、组装胎架或专用设备上进行，组装平台及组装胎架应有足够的强度和刚度，并应便于构件的装卸、定位（图 7-42、图 7-43）。在组装平台或组装胎架上应画出构件的中心线，端面位置线、轮廓线和标高线等基准线。

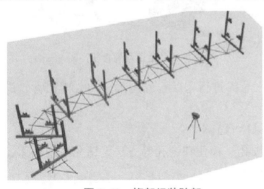

图 7-42　桁架组装胎架

图 7-43　H 型钢构件在平台上组装

2）构件组装间隙应符合设计或工艺文件要求，当设计或工艺文件中没有规定时，组装间隙一般不宜大于 1.0 mm。焊接构件组装时应预放焊接收缩量，并应对各部件进行合理的焊接收缩量分配。对于重要或复杂构件宜通过工艺性试验确定焊接收缩量。

设计文件规定起拱或施工要求起拱的钢构件，应在组装时按规定的起拱量做好起拱，并考虑工艺、焊接、自重等影响，起拱偏差应不大于构件长度的 1/2 000，不允许下挠。设计不要求起拱的，允许偏差为 -5 ~ 10 mm。

3）桁架结构杆件组装时，轴线交点偏移应不大于 3 mm。

吊车梁和起重机桁架组装、焊接完成后不允许下挠。吊车梁的下翼缘和重要受力构件的受拉面应避免焊接工装夹具、临时定位板、临时连接板等。

拆除临时工装夹具、临时定位板、临时连接板等时严禁用锤击落，应在距离构件表面 3～5 mm 处用氧 - 乙炔火焰切割，对残留的焊疤应打磨平整，不得损伤母材。

（10）焊接：一般可分为手工焊接、半自动焊接和自动化焊接三种。焊接的适用范围见表 7-8。

表 7-8　焊接的适用范围

焊接方法		特点	适用范围
手工焊	交流焊机	设备简易，操作灵活，可进行各种位置的焊接	普通钢结构
	直流焊机	焊接电流稳定，适用于各种焊条	要求较高的钢结构
埋弧自动焊		生产效率高，焊接质量好，表面成型光滑美观，操作容易，焊接时无弧光，有害气体少	长度较长的对接或贴角焊缝
埋弧半自动焊		与埋弧自动焊基本相同，但操作较灵活	长度较短、弯曲焊缝
CO_2 气体保护焊		生产效率高，焊接质量好，成本低，易于自动化，可进行全位置焊接	用于薄钢板

焊接是通过加热或加压或两者兼用，还可以选用填充材料，使焊件达到原子结合的一种加工方法（图 7-44）。

图 7-44　焊接

焊接技术是钢结构工程的关键技术之一。焊接连接是钢结构工程中一种重要的连接方式，在以焊接连接作为主要连接方式的钢结构工程中，焊接工时占钢结构主体建造工时的 30%～40%，焊接成本占钢结构建造成本的 20%～40%。因此焊接质量是评价钢结构工程质量的重要指标，而钢结构工程中采用何种焊接方法、焊接工艺，具有十分重要的意义。

电弧焊原理：在常用 220 V 或 380 V 电压的基础上，利用电焊机内部变压器的降压和增流作用，促使电能发出很大的热量电弧融化钢铁和焊条，这样焊条的熔融可以使金属的融合性进一步得到提高。CO_2 气体保护焊及手工电弧焊原理如图 7-45 和图 7-46 所示。

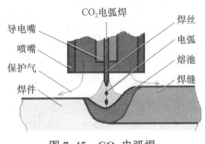

图 7-45 CO₂ 电弧焊

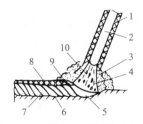

图 7-46 焊条电弧焊的过程

1—药皮；2—焊芯；3—保护气；4—电弧；5—熔池；
6—母材；7—焊缝；8—渣壳；9—熔渣；10—熔滴

栓钉焊接工艺：

1）栓钉施工工艺特点：栓钉的电弧焊接是在瓷环的保护下进行的，它要求栓焊在极短的时间内引弧、焊接、成型。

2）施工准备：安装前先放线，定出栓钉的准确位置，并对该点进行除锈、除漆、除油污处理，以露出金属光泽为准，并使施焊点局部平整。

3）保护瓷环准备：将保护瓷环摆放就位，瓷环要保持干燥。焊接后要清除瓷环，以便于检查。

4）栓钉焊接：施焊人员平稳握枪，并使枪与母材工作面垂直，然后施焊（图 7-47）。焊后根部焊脚应均匀、饱满，以保证其强度达到要求。

（11）摩擦面的处理：可采用喷砂、喷丸、酸洗、打磨等方法。

（12）涂装：严格按设计要求和有关规定进行施工。

图 7-47 栓钉焊接

三、综合案例：H 型构件制作

1. 钢板下料

切割时先对钢板切割缝进行预热，严格控制切割速度（图 7-48）。切割设备主要采用火焰多头直条切割机。

2. T 形组立

标出翼板中心线与腹板定位线，检查合格后方可进行组立（图 7-49）。采用 H 型钢自动组立机将翼腹板先组立成 T 形，并做定位焊接。

3. H 形组立

将 T 形构件同另外一块翼板组立成 H 形，并采用 CO₂ 气体保护焊进行定位焊（图 7-50）。

4. H 形焊接

H 型钢主体焊缝采用埋弧自动焊进行焊接。对于坡口焊焊缝，先采用 CO₂ 气体保护焊进行打底焊接，再采用埋弧焊填充、盖面（图 7-51）。

图 7-48　钢板下料

图 7-49　T 形组立

图 7-50　H 形组立

图 7-51　H 形焊接

5. H 形矫正

由于焊接产生的角变形，采用专用 H 型钢翼缘板矫正机进行矫正（图 7-52）。扭曲变形采用火焰矫正。

6. 构件总装

连接板装配检查合格后采用 CO_2 气体保护焊进行焊接（图 7-53）。

图 7-52　H 形矫正

图 7-53　构件总装

7. 端部钻孔

为确保制孔精度，H 型构件端部高强度螺栓孔采用数控三维钻床进行制孔（图 7-54）。

8. 栓钉焊接

焊接前在构件表面弹出栓钉定位线，焊接后交由专职人员对焊接质量进行抽检（图7-55）。

图7-54 端部钻孔

图7-55 栓钉焊接

9. 抛丸除锈

构件焊接合格后进行抛丸除锈，然后转入表面涂装工序（图7-56）。

图7-56 抛丸除锈

任务三 钢结构构件连接

电焊工

钢结构高强度
螺栓施工工艺

高强度螺栓施拧

超声波探伤检测
焊缝缺陷

钢结构的连接方法有焊接、普通螺栓连接、高强度螺栓连接和铆接。

一、焊接

（1）建筑工程中钢结构常用的焊接方法如图7-57所示。

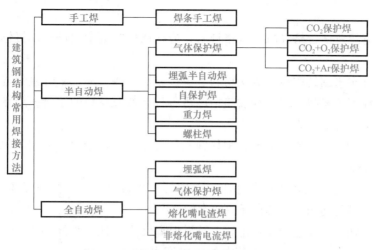

图 7-57　建筑工程钢结构常用焊接方法分类

（2）钢材的可焊性是指在适当的设计和工作条件下，材料易于焊接和满足结构性能的程度。可焊性常常受钢材的化学成分、轧制方法和板厚等因素影响。为了评价化学成分对可焊性的影响，一般用碳当量（C）表示，C越小，钢材的淬硬倾向越小，可焊性就越好；反之，越大，钢材的淬硬倾向越大，可焊性就越差。

（3）根据焊接接头的连接部位，可将熔化焊接头分为对接接头、角接接头、T形及十字接头、搭接接头和塞焊接头等（图 7-58）。

焊接前，根据焊接部位的形状、尺寸、受力的不同，选择合适的接头类型。为确保焊件能焊透，必须开一定形状的坡口（图 7-59）。

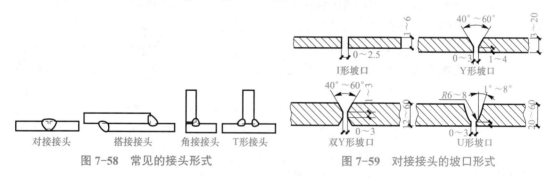

图 7-58　常见的接头形式　　　　图 7-59　对接接头的坡口形式

手工电弧焊的焊接工艺参数有焊条直径、焊接电流、电弧电压、焊接层数、电源种类及极性等。

1）焊条直径，根据焊件厚度、接头形式、焊缝位置和焊接层次来选择。

2）焊接电流，根据焊条的类型、直径、焊件的厚度、接头形式、焊缝空间位置等因素来考虑。其中，焊条直径和焊缝空间位置最为关键。

3）电弧电压，根据电源特性，由焊接电流决定相应的电弧电压。另外，电弧电压还与电弧长有关。

4）焊接层数，视焊件的厚度而定。除薄板外，一般都采用多层焊（图 7-60）。每层焊缝的厚度过大，对焊缝金属的塑性有不利影响，施工中每层焊缝的厚度不应大于

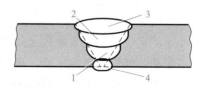

图 7-60　多层焊的焊缝和焊接顺序

$4 \sim 5$ mm。

（4）焊工应经考试合格并取得资格证书，应在认可的范围内进行焊接作业，严禁无证上岗。

施工单位首次采用的钢材、焊接材料、焊接方法、接头形式、焊接位置、焊后热处理制度，以及焊接工艺参数、预热和后热措施等各种参数及参数的组合，应在钢结构制作及安装前进行焊接工艺评定试验。

（5）根据设计要求、接头形式、钢材牌号和等级等合理选择、使用和保管好焊接材料和焊剂、焊接气体。

（6）对于全熔透焊接接头中的 T 形、十字形、角接接头，全焊透结构应特别注意 Z 向撕裂问题，尤其在板厚较大的情况下，为了防止乙向层状撕裂，必须对接头处的焊缝进行补强角焊，补强焊脚尺寸一般应大于 $t/4$（t 为较厚板的板厚）并小于 10 mm。当其翼缘板厚度等于或大于 40 mm 时，设计宜采用抗层状撕裂的钢板，钢板的厚度方向性能级别应根据工程的结构类型、节点形式及板厚和受力状态等具体情况选择。

知识拓展：焊接安全防护措施

（7）焊缝缺陷通常分为裂纹、孔穴、固体夹杂、未熔合、未焊透、形状缺陷和上述以外的其他缺陷。其主要产生原因和处理方法如下。

1）裂纹：通常有热裂纹和冷裂纹之分。产生热裂纹的主要原因是母材抗裂性能差、焊接材料质量不好、焊接工艺参数选择不当、焊接内应力过大等；产生冷裂纹的主要原因是焊接结构设计不合理、焊缝布置不当、焊接工艺措施不合理，如焊前未预热、焊后冷却快等。处理办法是在裂纹两端钻止裂孔或铲除裂纹处的焊缝金属，进行补焊。

2）孔穴：通常可分为气孔和弧坑缩孔两种。产生气孔的主要原因是焊条药皮损坏严重、焊条和焊剂未烘烤、母材有油污或锈和氧化物、焊接电流过小、弧长过长、焊接速度太快等，其处理方法是铲去气孔处的焊缝金属，然后补焊；产生弧坑缩孔的主要原因是焊接电流太大且焊接速度太快、熄弧太快，未反复向熄弧处补充填充金属等，其处理方法是在弧坑处补焊。

3）固体夹杂：有夹渣和夹钨两种缺陷。产生夹渣的主要原因是焊接材料质量不好、焊接电流太小、焊接速度太快、熔渣密度太大、阻碍熔渣上浮、多层焊时熔渣未清除干净等，其处理方法是铲除夹渣处的焊缝金属，然后焊补；产生夹钨的主要原因是氩弧焊时钨极与熔池金属接触，其处理方法是挖去夹钨处缺陷金属，重新焊补。

4）未熔合、未焊透：产生的主要原因是焊接电流太小、焊接速度太快、坡口角度间隙太小、操作技术不佳等。对于未熔合的处理方法是铲除未熔合处的焊缝金属后焊补。对于未焊透的处理方法是对开敞性好的结构的单面未焊透，可在焊缝背面直接补焊。对于不能直接焊补的重要焊件，应铲去未焊透的焊缝金属，重新焊接。

5）形状缺陷：包括咬边、焊瘤、下塌、根部收缩、错边、角度偏差、焊缝超高、表面不规则等。

产生咬边的主要原因是焊接工艺参数选择不当，如电流过大、电弧过长等；操作技术不正确，如焊枪角度不对，运条不当等；焊条药皮端部的电弧偏吹；焊接零件的位置安放不当等。其处理方法是轻微的、浅的咬边可用机械方法修锉，使其平滑过渡；严重的、深的咬边应进行焊补。

产生焊瘤的主要原因是焊接工艺参数选择不正确、操作技术不佳、焊件位置安放不当等。其处理方法是用铲、锉、磨等手工或机械方法除去多余的堆积金属。

6）其他缺陷：主要有电弧擦伤、飞溅、表面撕裂等。

焊缝检查方法如下：

1）外观检查。用焊脚尺检查焊脚高度用游标卡尺检查板对接余高、错台（图7-61）。

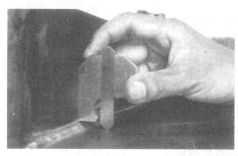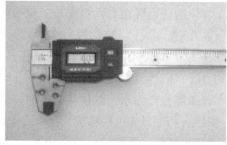

图7-61　焊脚尺和游标卡尺

渗透检测浅层裂纹使用肉眼及放大镜检查表面裂纹、气孔等缺陷（图7-62）。

图7-62　检查表面裂纹

2）超声波检测。超声波探伤仪构件探伤，如图7-63所示。

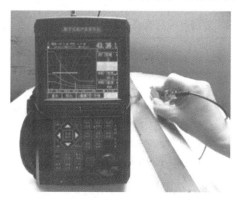

图7-63　超声波探伤仪构件探伤

二、螺栓连接

钢结构中使用的连接螺栓一般可分为普通螺栓和高强度螺栓两种。

1. 普通螺栓

（1）常用的普通螺栓有六角螺栓、双头螺栓和地脚螺栓等。

（2）制孔时，钻孔、冲孔为一次制孔；铣孔、铰孔、镗孔和锪孔为二次制孔。一般直径在80 mm以上的圆孔可以采用气割制孔，对于长圆孔或异形孔可采用先行钻孔然后再气割制孔的方法，但严禁气割扩孔。冲孔制孔时，钢板厚度应控制在12 mm以内。

（3）普通螺栓作为永久性连接螺栓时，应符合下列要求。

1）螺栓头和螺母（包括螺栓）应和结构件的表面及垫圈密贴。

2）螺栓头和螺母下面应放置平垫圈，以增大承压面。

3）每个螺栓头侧放置的垫圈不应多于2个，螺母侧垫圈不应多于1个，并不得采用大螺母代替垫圈，螺栓拧紧后，外露丝扣不应少于2扣。

4）对于设计有防松动要求的螺栓应采用有防松动装置的螺栓（即双螺母）或弹簧垫圈，或用人工方法采取防松动措施（如将螺栓外露丝扣凿毛或将螺母与外露螺栓点焊等）。

5）对于动荷载或重要部位的螺栓连接应按设计要求放置弹簧垫圈，弹簧垫圈必须设置在螺母一侧。

6）对于工字钢和槽钢翼缘之类上倾斜面的螺栓连接，则应放置斜垫圈垫平，使螺母和螺栓的头部支承面垂直于螺杆。

（4）普通螺栓常用的连接形式有平接连接、搭接连接和T形连接。螺栓排列主要有并列和交错排列两种形式。

（5）普通螺栓的紧固：螺栓的紧固次序应从中间开始，对称向两边进行。螺栓的紧固施工以操作者的手感及连接接头的外形控制为准，对大型接头应采用复拧，即两次紧固方法，保证接头内各个螺栓能均匀受力。

（6）永久性普通螺栓紧固质量，可采用锤击法检查，即用0.3 kg小锤，一手扶螺栓头（或螺母），另一手用锤敲，要求螺栓头（螺母）不偏移、不颤动、不松动，锤声比较干脆；否则，说明螺栓紧固质量不好，需重新紧固施工。

普通螺栓连接施工方法与控制要点见表7-9。

表7-9　普通螺栓连接施工方法与控制要点

施工步骤	示例图片	施工方法及控制要点
1. 材料准备		螺栓、螺母、垫圈均应附有质量证明书，螺栓验收入库后按规格分类存放。堆放场地应有防雨、防潮措施，螺纹有损伤或螺栓、螺母不配套时不得使用

施工步骤	示例图片	施工方法及控制要点
2. 校正检查		连接处的钢板或型钢应平整，板边、孔边无毛刺，接头处有翘曲、变形必须校正处理。 安装孔有偏差，需扩孔处理时，应用绞刀扩孔，严禁火焰扩孔
3. 螺栓初拧		将冲钉对准孔位，在适当位置插入螺栓，用手拧入大于3个螺距
4. 螺栓终拧		根据工件所需扭矩值要求，确定预设扭矩值，用扭矩扳手将螺栓群终拧固定，终拧应从螺栓群中心向四周扩散进行。 若发现螺杆与螺母的螺纹有滑牙或螺母的棱角磨损以致扳手打滑的，应更换螺栓、螺母

2. 高强度螺栓

（1）高强度螺栓按连接形式通常分为摩擦连接、张拉连接和承压连接等。其中，摩擦连接是目前广泛采用的基本连接形式。

（2）高强度螺栓连接处的摩擦面的处理方法通常有喷砂（丸）法、酸洗法、砂轮打磨法和钢丝刷人工除锈法等。可根据设计抗滑移系数的要求选择处理工艺，抗滑移系数必须满足设计要求。

（3）经表面处理后的高强度螺栓连接摩擦面应符合以下规定。

1）连接摩擦面保持干燥、清洁，不应有飞边、毛刺、焊接飞溅物、焊疤、氧化薄钢板、污垢等。

2）经处理后的摩擦面采取保护措施，不得在摩擦面上做标记。

3）若摩擦面采用生锈处理方法时，安装前应以细钢丝刷垂直于构件受力方向刷除摩擦面上的浮锈。

（4）高强度大六角头螺栓连接副由一个螺栓、一个螺母和两个垫圈组成；扭剪型高强度螺栓连接副由一个螺栓、一个螺母和一个垫圈组成。

（5）安装环境气温不宜低于 −10 ℃。当摩擦面潮湿或暴露于雨、雪中时，停止作业。

（6）高强度螺栓安装时应先使用安装螺栓和冲钉。安装螺栓和冲钉的数量要保证能承受构件的自重与连接校正时外力的作用，规定每个节点安装的最少个数是为了防止连接后构件位置偏移，同时限制冲钉用量。高强度螺栓不得兼作安装螺栓。

（7）高强度螺栓现场安装时应能自由穿入螺栓孔，不得强行穿入。若螺栓不能自由穿入时，可采用铰刀或锉刀修整螺栓孔，不得采用气割扩孔，扩孔数量应征得设计同意，修整后或扩孔后的孔径不应超过1.2倍螺栓直径。

（8）高强度螺栓超拧应更换，并废弃换下来的螺栓，不得重复使用。严禁用火焰或电焊切割高强度螺栓梅花头。

（9）高强度螺栓长度应以螺栓连接副终拧后外露2～3扣丝为标准计算，应在构件安装精度调整后进行拧紧。扭剪型高强度螺栓终拧检查，以目测尾部梅花头拧断为合格。

（10）高强度大六角头螺栓连接副施拧可采用扭矩法或转角法。同一接头中，高强度螺栓连接副的初拧、复拧、终拧应在24 h内完成。高强度螺栓连接副初拧、复拧和终拧原则上应以接头刚度较大的部位向约束较小的方向、螺栓群中央向四周的顺序进行。

（11）高强度螺栓和焊接并用的连接节点，当设计文件无规定时，宜按先螺栓紧固后焊接的施工顺序。

以大六角头高强度螺栓施工为例，其施工方法及控制要点见表7-10。

表7-10 大六角头高强度螺栓施工

施工步骤	示例图片	施工方法及控制要点
1. 材料准备		螺栓、螺母、垫圈均应附有质量证明书，并经过高强度螺栓紧固轴力试验合格及摩擦面抗滑移系数试验合格。 大六角头高强度螺栓的连接副是由一个螺栓、两个垫圈、一个螺母组成的。 螺栓验收入库后按规格分类存放，防雨、防潮
2. 施工机具准备		定扭矩电动扳手作为高强度螺栓施工主要机具，可按设计要求设置扭矩值进行螺栓拧紧操作，使用前需先用扭矩测量扳手进行校正。钢丝刷主要用于摩擦面浮锈等清理，当清理未达到要求时，需用电动角磨机进行清理
3. 校正检查		连接处摩擦面应平整，板边、孔边无毛刺，摩擦面不能有油漆、油污。钢丝刷清理方向应与摩擦受力方向垂直。 接头处有翘曲、变形必须校正处理，接触面间隙应符合规范要求并做相应处理，摩擦系数需达到设计要求。 安装孔有偏差，需扩孔处理时，应用绞刀扩孔，严禁火焰扩孔

施工步骤	示例图片	施工方法及控制要点
4. 临时螺栓固定		钢梁吊装就位后，先安装不少于节点螺栓数量1/3，不少于2个的安装螺栓，临时安装螺栓不能用高强度螺栓代替。 　　少量孔位不正，位移量又较少时，可以用冲钉打入定位，再安装螺栓，孔位不正且位移较大时，应用绞刀扩孔，个别孔位位移较大时应补焊后重新打孔
5. 用高强度螺栓替换临时螺栓		用高强度螺栓穿满剩余2/3的螺栓孔后，用高强度螺栓替换安装螺栓，并进行初拧。 　　高强度螺栓应自由穿入，严禁用锤子强行打入，高强度螺栓安装方向应一致
6. 高强度螺栓螺母及垫圈方向		大六角头高强度螺栓，螺栓头下带有圆台，靠螺栓头一侧垫圈有倒角的一侧应朝向螺栓头，螺母带圆台面的一侧应朝向垫圈有倒角的一侧
7. 初拧与终拧		定扭矩电动扳手作为高强度螺栓施工主要机具，可按设计要求设置扭矩值进行螺栓拧紧操作，使用前需先用扭矩测量扳手进行校正。钢丝刷主要用于摩擦面浮锈等清理，当清理未达到要求时，需用电动角磨机进行清理
8. 补漆		连接处摩擦面应平整，板边、孔边无毛刺，摩擦面不能有油漆、油污。钢丝刷清理方向应与摩擦受力方向垂直。 　　接头处有翘曲、变形必须校正处理，接触面间隙应符合规范要求并做相应处理，摩擦系数需达到设计要求。 　　安装孔有偏差，需扩孔处理时，应用绞刀扩孔，严禁火焰扩孔

施工步骤	示例图片	施工方法及控制要点
9. 质量验收标准		钢梁吊装就位后，先安装不少于节点螺栓数量1/3，不少于2个的安装螺栓，临时安装螺栓不能用高强度螺栓代替。 少量孔位不正，位移量又较少时，可以用冲钉打入定位，再上安装螺栓，孔位不正且位移较大时，应用绞刀扩孔，个别孔位位移较大时应补焊后重新打孔

扭剪型高强度螺栓施工除外形不同外，基本工艺与大六角头高强度螺栓相类似（图 7-64）。

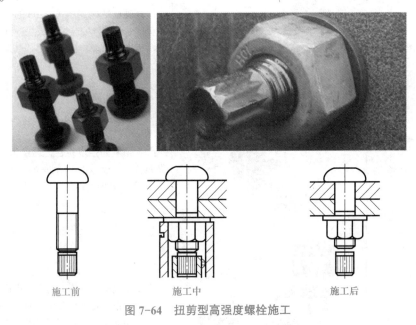

施工前　　　　　　　　　　施工中　　　　　　　　　　施工后

图 7-64　扭剪型高强度螺栓施工

任务四　钢结构防火涂装

钢结构防腐涂装　　　防火涂料施工　　　厚涂型与薄涂型防火涂料涂装工艺

建筑钢结构防火涂装应符合《建筑钢结构防火技术规范》（GB 51249—2017）的要求。

一、建筑钢结构防火基本要求

（1）钢结构构件的设计耐火极限应根据建筑的耐火等级，按现行国家标准《建筑设计防火规范（2018 年版）》（GB 50016—2014）的规定确定。柱间支撑的设计耐火极限应与柱相同，楼盖支撑的设计耐火极限应与梁相同，屋盖支撑和系杆的设计耐火极限应与屋顶承重构件相同。

（2）钢结构节点的防火保护应与被连接构件中防火保护要求最高者相同。

（3）钢结构构件的耐火验算和防火设计，可采用耐火极限法、承载力法或临界温度法。

（4）钢结构构件的耐火极限经验算低于设计耐火极限时，应采取防火保护措施。

二、建筑钢结构防火保护措施

（1）钢结构的防火保护可采用下列措施之一或其中几种的复（组）合：

1）喷涂（抹涂）防火涂料；

2）包覆防火板；

3）包覆柔性毡状隔热材料；

4）外包混凝土、金属网抹砂浆或砌筑砌体。

（2）钢结构采用喷涂防火涂料保护时，应符合下列规定：

1）室内隐蔽构件，宜选用非膨胀型防火涂料；

2）设计耐火极限大于 1.50 h 的构件，不宜选用膨胀型防火涂料；

3）室外、半室外钢结构采用膨胀型防火涂料时，应选用符合环境对其性能要求的产品；

4）非膨胀型防火涂料涂层的厚度不应小于 10 mm；

5）防火涂料与防腐涂料应相容、匹配。

（3）钢结构采用包覆防火板保护时，应符合下列规定：

1）防火板应为不燃材料，且受火时不应出现炸裂和穿透裂缝等现象；

2）防火板的包覆应根据构件形状和所处部位进行构造设计，并应采取确保安装牢固稳定的措施；

3）固定防火板的龙骨及胶粘剂应为不燃材料。龙骨应便于与构件及防火板连接，胶粘剂在高温下应能保持一定的强度，并应能保证防火板的包覆完整。

（4）钢结构采用包覆柔性毡状隔热材料保护时，应符合下列规定：

1）不应用于易受潮或受水的钢结构；

2）在自重作用下，毡状材料不应发生压缩不均的现象。

（5）钢结构采用外包混凝土、金属网抹砂浆或砌筑砌体保护时，应符合下列规定：

1）当采用外包混凝土时，混凝土的强度等级不宜低于 C20；

2）当采用外包金属网抹砂浆时，砂浆的强度等级不宜低于 M5；金属丝网的网格不宜大于 20 mm，丝径不宜小于 0.6 mm；砂浆最小厚度不宜小于 25 mm；

3）当采用砌筑砌体时，砌块的强度等级不宜低于 MU10。

三、建筑钢结构防火涂料施工

钢结构耐高温性能差是重要缺陷之一，为了弥补这一缺陷，最常使用的方法便是涂装钢结构防火涂料（图7-65）。

钢结构防火涂料按基料的不同可分为有机类和无机类两大类；按使用场地不同可分为室外型和室内型两大类；按其涂层的厚度和性能特点可分为干膜厚度 $D \leqslant 3\,\mathrm{mm}$ 为超薄型，$7\,\mathrm{mm} \geqslant D > 3\,\mathrm{mm}$ 为薄型，$D \geqslant 7\,\mathrm{mm}$ 为厚型。结合多年施工经验和业内反馈，厚型防火涂料常常出现空鼓、开裂、脱落等严重质量问题，且施工工序复杂、工期长、经济性较差。因此，工程选材应尽量避免采用厚型防火涂料，若有特殊要求，如设计指定采用厚型防火涂料，可与设计沟通变更为具有同等耐火性能的薄型防火涂料等其他产品。

图 7-65　涂装钢结构防火涂料

厚型防火涂料施工常用方法如下（图7-66）：

（1）搅拌出来的防火涂料在 1 h 内全部使用完毕；

（2）每次涂抹防火涂料的厚度控制为 5 ～ 10 mm；

（3）第一次涂抹防火涂料与第二次涂抹防火涂料，应在前一道涂层基本干燥后，再施涂后一道，间隔时间为 12 h（气温 20 ℃时），根据环境温度、湿度不同，其间隔时间作相应的调整；

图 7-66　厚型防火涂料施工

（4）抹涂最后一层防火涂料时挂纤维网，要求无明显凹凸，表面平整，1 m 平整误差不大于 0.5 cm；

（5）每层防火涂料涂抹后，及时测量涂层厚度，确保防火涂料涂层厚度和质量；

（6）待防火涂料干燥后，在防火涂料表面进行刮腻子平整处理，每遍腻子 1 ～ 2 mm，待腻子干燥后再进行打磨，打磨平整后方可涂刷面漆（重涂间隔：根据气候条件，每次间隔 12 ～ 24 h 涂刷一遍）。

厚型防火涂料质量控制要点如下：

（1）涂层厚度符合设计要求。如厚度低于原定标准，但大于原定标准的 85%，且厚度不足部分的连续面积的长度不大于 1 m，并在 5 m 范围内不再出现类似情况。

（2）不同种类油漆之间均进行涂料兼容性测试。

（3）涂层确保完全闭合，不应出现露底、漏涂。

（4）涂层不出现裂纹，如有个别裂纹，其宽度不可大于 1 mm 且 1 m 内不能多于 3 条。

（5）涂层与钢基材之间和各涂层之间，黏结牢固，无空鼓、脱层和松散等情况。

（6）涂层表面无乳突，有外观要求的部位，母线垂直度和失圆度允许偏差不可大于 8 mm。

（7）每使用 500 t 或不足 500 t 厚型防火涂料抽检一次黏结强度抗压强度。

（8）具体质量要求参照《建筑设计防火规范（2018 年版）》（GB 50016—2014）、《建筑钢结构防火技术规程》(CECS 200：2006)且涂料均需提供合格证及检验报告。

薄型（超薄型）防火涂料常用施工方法如下：

（1）由于防火涂料一般较粗糙，宜采用自重式喷枪，配自动调压 0.4 ～ 0.6 MPa；局部修补和小面积施工，可用刷涂、喷涂或滚涂，用其中一种或多种方法方便地施工。如人工涂刷，涂刷道数应增加。

（2）喷涂时每遍厚度不超过 0.5 mm，晴朗天气情况下，每间隔 8 h（具体时间由涂料固化时间确定）喷涂一次。喷涂后一道涂料时，必须在前道表干后，再喷涂后一道。人工喷涂每道厚度较薄，按照厚度，测算道数。

（3）根据被涂钢结构的耐火时间要求和所选涂料耐火性能试验确定相应的涂层厚度。

薄型（超薄型）防火涂料质量控制要点如下（图 7-67）：

（1）涂层表面平整，无色差，无漏涂。

（2）不同种类油漆之间均进行涂料兼容性测试。

（3）表面裂纹宽度不可大于 0.5 mm 且 1 m 内不能多于 1 条。

（4）涂层不误涂、漏涂，涂层无脱层和空鼓。

（5）涂层颜色均匀、轮廓清晰、接槎平整，无凹陷、粉化，黏结牢固，松散和浮浆，乳突已剔除。

（6）涂层厚度符合设计要求。如厚度低于原定标准，最低膜厚需大于原定标准的 85%，且厚度不足部分面积的总和不可大于总面积的 15%。

（7）每使用 100 t 或不足 100 t 薄涂型防火涂料抽检一次黏结强度抗压强度。

（8）具体质量要求参照《建筑设计防火规范（2018 年版）》

图 7-67　薄型（超薄型）防火涂料

（GB 50016—2014）、《建筑钢结构防火技术规程》（CECS 200：2006）且涂料均需提供合格证及检验报告。

任务五　钢结构单层厂房安装

| 单层厂房结构
安装方法 | 门式钢架厂房
安装 | 钢柱吊装方法 | 钢柱－钢梁
吊装 | 钢屋架安装 |

一、安装准备工作

安装准备工作包括技术准备、机具准备、构件材料准备、现场基础准备和劳动力准备等。

二、安装方法和顺序

单层钢结构安装工程施工时，对于柱子、柱间支撑和吊车梁一般采用单件流水法吊装，即一次性将柱子安装并校正后再安装柱间支撑、吊车梁等，此种方法尤其适合移动较方便的履带式起重机；当采用汽车式起重机时，考虑到移动不方便，可以2～3个轴线为一个单元进行节间构件安装。对于屋盖系统安装通常采用"节间综合法"吊装，即起重机一次安装完一个节间的全部屋盖构件后，再安装下一个节间的屋盖构件。

1. 基础和支撑面

地脚螺栓预埋：先将地脚螺栓按设计尺寸组立成组；按照设计尺寸制作一块"模板"，标出轴线位置；预埋时先将组立好的地脚螺栓放入设置好的混凝土模板内，利用经纬仪、水准仪把模板定位好，再用电焊机把地脚螺栓与钢筋及混凝土模板固定好，固定时要保证地脚螺栓与混凝土模板的相对位置（图7-68、图7-69）。

图7-68　固定好的地脚螺栓

图7-69　浇筑后的地脚螺栓

安装前，应对建筑物的定位轴线、基础轴线和标高、地脚螺栓位置等进行检查，并应办理交接验收（图 7-70、图 7-71）。当基础工程分批进行交接时，每次交接验收不应少于一个安装单元的柱基基础，并应符合下列规定：

（1）基础混凝土强度应达到设计要求；

（2）基础周围回填夯实应完毕；

（3）基础的轴线标志和标高基准点应准确、齐全。

图 7-70　预埋地脚螺栓隐蔽验收记录

图 7-71　对地脚螺栓位置、标高进行检查

基础顶面直接作为柱的支承面、基础顶面预埋钢板（或支座）作为柱的支承面时，其支承面、地脚螺栓（锚栓）的允许偏差应符合表 7-11 的规定。

表 7-11　支承面、地脚螺栓（锚栓）的允许偏差

项目		允许偏差
支承面	标高	±3.0
	水平度	1/1 000
地脚螺栓（锚栓）	螺栓中心偏移	5.0
	螺栓露出长度	+ 30.0 0
	螺纹长度	+ 30.0 0
预留孔中心偏移		10.0

钢柱脚采用钢垫板作为支承时，应符合下列规定：

钢垫板面积应根据混凝土抗压强度、柱脚底板承受的荷载和地脚螺栓（锚栓）的紧固拉力计算确定；垫板应设置在靠近地脚螺栓（锚栓）的柱脚底板加劲板或柱肢下，每根地脚螺栓（锚栓）侧应设置 1 ～ 2 组垫板，每组垫板不得多于 5 块。

垫板与基础面和柱底面的接触应平整、紧密；当采用成对斜垫板时，其叠合长度不应小于垫板长度的 2/3。柱底二次浇筑混凝土前垫板之间应焊接固定。

2. 构件验收

钢结构安装现场应设置专门的构件堆场，并应采取防止构件变形及表面污染的保护措施。

安装前，应按构件明细表核对进场的构件检查几何尺寸（图7-72）。钢柱绑爬梯、防坠器，保证工人摘钩时的安全，钢梁焊接防滑铁以便安装。

图7-72　进场的构件检查几何尺寸

3. 单层钢结构安装工艺流程图

单层钢结构安装工艺流程图如图7-73所示。

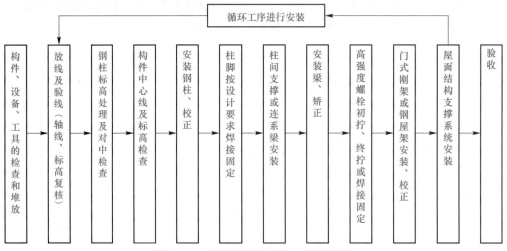

图7-73　单层钢结构安装工艺流程图

4. 单层钢结构构件吊装顺序

构件吊装可分为竖向构件吊装（柱、连系梁、柱间支撑、悬挑梁、托架等）和平面构件吊装（屋架、屋盖支撑、屋面压型板、制动梁等）两大类。在大部分施工情况下，先吊装竖向构件，后吊装平面构件（图7-74）。

并列高低跨的屋盖吊装，必须先高跨安装，后低跨安装，有利于高低跨的垂直度。

并列大跨度与小跨度安装必须先大跨度安装，后小跨度安装。

图7-74　钢柱吊装

并列间数多和间数少安装，应先吊装间数多的，后吊装间数少的。

三、钢柱安装

一般钢柱的刚性较好，吊装时通常采用一点起吊。常用的吊装方法有旋转法、滑行法和递送法。对于重型钢柱也可采用双机抬吊。钢柱吊装回直后，慢慢插进地脚锚固螺栓找正平面位置。经过平面位置校正，垂直度初校、柱顶四面拉上临时缆风钢丝绳，地脚锚固螺栓临时固定后，起重机方可脱钩。对钢柱进行复校，具体可优先采用缆风绳校正；对于不便采用缆风绳校正的钢柱，可采用调撑杆或千斤顶校正。复校的同时在柱脚底板与基础之间间隙垫紧垫铁，复校后拧紧锚固螺栓，将垫铁点焊固定，并拆除缆风绳。

钢柱安装流程如下：

（1）钢柱卸车。钢柱进场后进行卸车，将钢柱平稳堆放在堆场枕木上，并进行构件验收，确保构件质量满足要求（图7-75）。

（2）安装准备。在钢柱上绑扎安全爬梯、防坠器、缆风绳、连接夹板等措施（图7-76）。绑扎吊装时需要设置包铁保护钢丝绳。

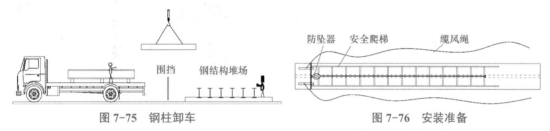

图7-75　钢柱卸车　　　　　　　　　　　图7-76　安装准备

（3）起吊控制。吊起后往安装位置移动，不可拖拉构件。吊离地面200～300 mm时暂停，观察吊装是否正常，再逐步加速（图7-77）。摆幅过大时应停止吊装。

（4）钢柱就位。钢柱到达吊装位置后，通过绳索缓缓调整钢柱转向。稳定后缓慢下降，就位后及时安装地脚锚栓螺母及固定缆风绳（图7-78）。

（5）解钩。钢柱就位固定后，操作工人挂好防坠器，通过安全爬梯爬上钢柱，安全带挂在生命绳上，解钩（图7-79）。

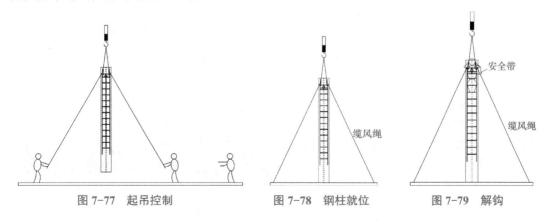

图7-77　起吊控制　　　　　　图7-78　钢柱就位　　　　　　图7-79　解钩

四、钢屋架安装

1. 钢屋架吊装

钢屋架侧向刚度较差，当屋架梁强度不足时可以采用增加吊点位置或采用加铁扁担的方法进行加固。钢屋架吊装时要注意事项如下：

（1）绑扎时必须绑在屋架节点处，以防止钢屋架在吊点处发生变形，绑扎点的选择必须符合技术交底要求。

（2）屋架的重心，必须位于内吊点的连线之下，否则要采取防止屋架倾倒的措施；对外吊点的选择可以使屋架下弦处于受拉状态。

（3）屋架起吊离地50 cm时，要进行全面检查，检查无误后方可继续安装。

（4）安装第一榀屋架时，在松开吊钩前，先做初步校正，使屋架梁的基座中心线对准定位轴线就位，调整屋架梁的垂直度并检查屋架的侧向弯曲。

（5）第二榀屋架同样吊装就位后，不要松钩，临时与第一榀屋架固定，跟着安装支撑系统和部分檩条，最后校正固定的整体。

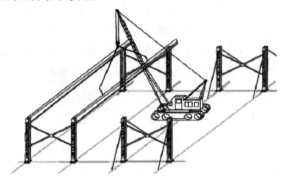

（6）从第三榀屋架开始，在屋架脊点及上弦中点装上檩条即可将屋架固定，同时将屋架校正好。屋架吊装就位时，应将屋架下弦两端的定位标记和柱顶的轴线标记严格定位并点焊加以临时固定。

钢屋架吊装示意图如图7-80所示。

图7-80　钢屋架吊装示意图

2. 钢屋架的校正

（1）钢屋架校正采用经纬仪校正屋架上弦垂直度的方法，在屋架上弦和两端夹三把标尺，待三把标尺的定长刻度在同一长度时，侧屋架梁的垂直度校正完毕。

（2）钢屋架校正完毕后，拧紧屋架临时固定支撑两端螺栓和屋架两端搁置处的螺栓，随即安装屋架永久支撑系统。

3. 屋面（墙面）檩条安装

檩条安装前，对构件进行检查，构件变形、缺陷超出允许偏差时，进行处理。将构件表面的油污、泥沙等杂物清理干净。屋面和墙面的檩条统一吊装，空中分散进行安装。同一跨安装完成后，检测檩条坡度，须与设计的屋面坡度相符。檩条的直线度须控制在允许偏差范围内，超差的要加以调整（图7-81）。

图7-81　钢屋檩条安装

任务六 高层钢结构安装

（1）准备工作：包括钢构件预检和配套、定位轴线及标高和地脚螺栓的检查、钢构件现场堆放、安装机械的选择、安装流水段的划分和安装顺序的确定、劳动力的进场等。

高层钢结构安装

（2）多层及高层钢结构吊装，在分片区的基础上，多采用综合吊装法，其吊装程序一般是：平面从中间或某一对称节间开始，以一个节间的柱网为一个吊装单元，按钢柱→钢梁→支撑顺序吊装，并向四周扩展；垂直方向由下至上组成稳定结构，同节柱范围内的横向构件，通常由上向下逐层安装。采取对称安装、对称固定的工艺，有利于将安装误差积累和节点焊接变形降低到最小。

安装时，一般按吊装程序先划分吊装作业区域，按划分的区域、平等顺序同时进行。当一片区吊装完毕后，即进行测量、校正、高强度螺栓初拧等工序，待几个片区安装完毕，再对整体结构进行测量、校正、高强度螺栓终拧、焊接（图7-82、图7-83）。接着，进行下一节钢柱的吊装。

图7-82 多层钢结构安装

图7-83 高层钢结构安装

（3）高层建筑的钢柱通常以2～4层为一节，吊装一般采用一点正吊（图7-84）。钢柱安装到位、对准轴线、校正垂直度、临时固定牢固后才能松开吊钩（图7-85）。

安装时，每节钢柱的定位轴线应从地面控制轴线直接引上，不得从下层柱的轴线引上。在每一节柱子范围内的全部构件安装、焊接、栓接完成并验收合格后，才能从地面控制轴线引测上一节柱子的定位轴线。

（4）同一节柱、同一跨范围内的钢梁，宜从上向下安装。钢梁安装完成后，宜立即安装本节柱范围内的各层楼梯及楼面压型钢板。

（5）结构安装时，应注意日照、焊接等温度变化引起的热影响对构件伸缩和弯曲引起的变化，并应采取相应措施。

图 7-84 钢柱的校正

图 7-85 钢柱的吊装

任务七　网架结构安装

球形节点网架

高空散装法

分条或分块
安装法

滑移法施工

网架整体提升法

整体顶升法

华龙一号穹顶
吊装

　　网架结构具有空间受力、重量轻、刚度大、抗震性能好、外形美观等优点。它有三角锥、三棱体、正方体、截头四角锥等基本单元和焊接空心球节点（图7-86）、螺栓球节点（图7-87）、板节点、毂节点、相贯节点等节点形式，可组合成三边形、四边形、六边形、圆形等平面形或微曲面形结构，广泛应用于体育馆、展览馆、俱乐部、影剧院、食堂、会议室、候车厅、飞机库、车间等的屋盖结构。

图 7-86　焊接球节点　　　　　　　　图 7-87　螺栓球节点

一、网架安装的方法

（1）高空散装法：适用于全支架拼装的各种类型的空间网格结构，尤其适用于螺栓连接、销轴连接等非焊接连接的结构。

将结构的全部杆件和节点（或小拼单元）直接在高空设计位置总拼成整体的安装方法称为高空散装法。高空散装法可分为全支架法（满堂脚手架）和悬挑法两种。全支架法多用于散件拼装，而悬挑法则多用于小拼单元在高空总拼。该施工方法不需要大型起重设备，但现场及高空作业量大，同时，需要大量的支架材料和设备（图 7-88、图 7-99）。

图 7-88　落地支架拼装网架　　　　　　图 7-89　网架高空拼装施工

（2）分条或分块安装法：适用于分割后刚度和受力状况改变较小的网架，如两向正交正放四角锥、正向抽空四角锥等网架。分条或分块的大小应根据起重能力而定。

（3）滑移法：适用于能设置平行滑轨的各种空间网格结构，尤其适用于必须跨越施工（不允许搭设支架）或场地狭窄、起重运输不便等情况。

高空滑移法是指分条的网架单元在事先设置的滑轨上单元滑移到设计位置拼接的方法。此条状单元可以在地面拼成后用起重机吊至支架上，在起重机能力不足或其他情况下，可以用小拼单元甚至散件在高空拼装平台上拼成条状单元。高空支架一般设置在建筑物的一端，滑移时网架的条状单元由一端滑向另一端（图 7-90～图 7-94）。

（4）整体吊装法：适用于中小型网架，吊装时可在高空平移或旋转就位。整体吊装法是指将结构在地面总拼成整体，用起重设备将其吊装至设计标高并固定的方法（图 7-95～图 7-97）。

图 7-90　高空滑移法安装屋盖结构　　　　图 7-91　体育馆屋盖桁架逐条累积滑移法

图 7-92　馆外拼装胎架　　　　　　　图 7-93　滑移施工中

图 7-94　中滑道、树状支撑及爬行机器人

图 7-95　四机抬吊网架　　　　　　图 7-96　跨江钢网架一次吊装

图 7-97　整体吊装法施工

用整体吊装法安装空间钢结构时，可以就地与柱错位总拼或在场外总拼，此法一般适用于焊接连接网架，因此，地面总拼易于保证焊接质量和几何尺寸的准确性。其缺点是需要大型的起重设备，且对停机点的地耐力要求较高，同时会影响土建的施工作业。

（5）整体提升法：适用于各种类型的网架，结构在地面整体拼装完毕后用提升设备提升至设计标高、就位。整体提升法是将结构在地面整体拼装后，起重设备设于结构上方，通过吊杆将结构提升至设计位置的施工方法（图 7-98）。

图 7-98　整体提升法施工

整体提升法利用小机（如升板机、液压滑膜千斤顶等）群安装大型钢结构，使吊装成本降低。其提升设备能力较大，提升时可将屋面板、防水层、采暖通风及电气设备等全部在地面施工后，再提升到设计标高，从而大大节省施工费用。

（6）整体顶升法：适用于支点较少的多点支承网架（图7-99）。

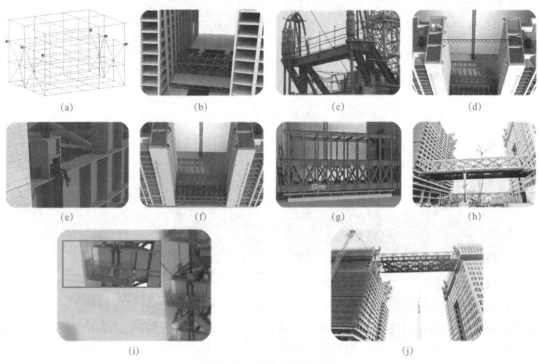

图 7-99　整体顶升法施工

（a）施工准备；（b）钢结构整体拼装；（c）安装提升平台和提升器；（d）安装液压同步提升系统；
（e）安装下吊点；（f）调试液压同步提升系统；（g）试提升；（h）正式提升；（i）微调就位连接；（j）分级卸载完成提升

二、高空散装法要点

（1）高空散装法是指小拼单元或散件（单根杆件及单个节点）直接在设计位置进行总拼的方法。

（2）根据测量控制网对基础轴线、标高或柱顶轴线、标高进行技术复核。

（3）当全支架拼装网架时，支架顶部常用木板或竹脚手板满铺，作为操作平台。这类铺板易燃，故如为焊接连接的网架，全部焊接工作均在此高空平台上完成，必须注意防火。

（4）悬挑法拼装网架时，需要预先制作好小拼单元，再用起重机将小拼单元吊至设计标高就位拼装。悬挑法拼装网架可以少搭支架，节省材料，但悬挑部分的网架必须具有足够的刚度，而且几何不变。

（5）螺栓球节点各种类型网架结构可采用此方法安装，焊接空心球节点网架也可采用此方法安装。

（6）高空散装法脚手架用量大，高空作业多，工期较长，需要占建筑物场内用地，且技术上有一定难度。

三、分条或分块安装法要点

（1）承重支架除用扣件式钢管脚手架外，因为分条或分块安装法所采用的承重支架是局部不满堂的脚手架，所以也可以采用塔式起重机的标准节或其他桥架、预制架。

（2）网架分条分块单元的划分，主要根据起重机的负荷能力和网架的结构特点而定。其划分方法有下列几种：

1）网架单元相互靠紧，可将下弦双角钢分开在两个单元上。此法可用于正放四角锥等网架。

2）网架单元相互靠紧，单元间上弦用剖分式安装节点连接。此法可用于斜放四角锥等网架。

3）单元之间空出一个节间，该节间在网架单元吊装后再在高空拼装，可用于两向正交正放等网架。

（3）网架挠度的调整。条状单元合拢前应先将其顶高，使中央挠度与网架形成整体后在该处挠度相同。由于分条分块安装法多在中小跨度网架中应用，可用钢管作顶撑，在钢管下端放置千斤顶，调整标高时将千斤顶顶高即可，比较方便。

如果在设计时考虑到分条安装的特点而加高了网架高度，则分条安装时，就不需要调整挠度。

（4）网架尺寸控制。分条（块）网架单元尺寸必须准确，以保证高空总拼时节点吻合和减少偏差。如前所述，一般可采取预拼装或套拼的办法进行尺寸控制。另外，还应尽量减少中间转运，如需要运输，应用特制专用车辆，防止网架单元变形。

四、滑移法要点

1．分类

（1）滑移法按滑移方式有单条滑移法、逐条积累滑移法与滑架法。

1）单条滑移法。将条状单元一条一条地分别从一端滑移至另一端就位安装，各条之间分别在高空再行连接，即逐条滑移，逐条连成整体。

2）逐条积累滑移法。先将条状单元滑移一段距离（能连接上第二单元的宽度即可），连接好第二条单元后，两条一起再滑移一段距离（宽度同上），再连接第三条，三条又一起滑移一段距离，如此循环操作，直至接上最后一条单元为止。

（2）滑移法按摩擦方式可分为滚动式及滑动式两类。滚动式滑移即网架装上滚轮，网架滑移时是通过滚轮与滑轨的滚动摩擦方式进行的。滑动式滑移即网架支座直接搁置在滑轨上，网架滑移时是通过支座底板与滑轨的滑动摩擦方式进行的。

2．适用范围

（1）滑移法可用于建筑平面为矩形、梯形或多边形等的平面。

（2）滑移法适用于现场狭窄、山区等地区施工；也适用于跨越施工，如车间屋盖的更换、轧钢、机械等厂房内设备基础、设备与屋面结构平行施工。

五、整体吊装法要点

（1）网架整体吊装法，是指网架在地面总拼后，采用单根或多根拔杆、一台或多台起重机进行吊装就位的施工方法。

（2）特点：网架地面总拼时可以就地与柱错位或在场外进行。当就地与柱错位总拼时，网架起升后在空中需要平移或转动 1.0 ～ 2.0 m 左右再下降就位，由于柱是穿在网架的网格中的，因此凡与柱相连接的梁均应断开，即在网架吊装完成后再进行框架梁施工。而且建筑物在地面以上的有些结构必须待网架安装完成后才能进行施工，不能平行施工。

（3）适用范围：整体吊装法，适用于中小型网架结构，吊装时可在高空平移或旋转就位。

六、整体提升法要点

（1）整体提升法是指利用安装在结构柱上的提升设备提升网架。

（2）整体提升法主要类型有单提网架法、网架爬升法、升梁抬网法。

1）单提网架法：网架在设计位置就地总拼后，利用安装在柱子上的小型设备（穿心式液压千斤顶）将网架整体提升到设计标高上然后下降就位、固定。

2）网架爬升法：网架在设计位置就地总拼后，利用安装在网架上的小型设备（穿心式液压千斤顶），提升锚点固定在柱上或拔杆上，将网架整体提升到设计标高，就位、固定。

3）升梁抬网法：网架在设计位置就地总拼，同时安装好支承网架的装配式圈梁（提升前圈梁与柱断开，提升网架完成后再与柱连成整体），将网架支座搁置于此圈梁中部，在每个柱顶上安装好提升设备，这些提升设备在升梁的同时，抬着网架升至设计标高。

（3）网架整体提升法一般情况下适宜在设计平面位置地面上拼装后垂直提升就位。如网架垂直提升到设计标高后还需水平移动，需另加悬挑结构结合滑移法施工就位到设计位置。

任务八 压型金属板安装

金属屋面施工
模拟

压型钢板与上下
工序间衔接

1. 准备工作

准备工作包括压型钢板的板型确认，选定符合设计规定的材料（主要是考虑用于楼承板制作的镀锌钢板的材质、板厚、力学性能、防火能力、镀锌量、压型板的价格等经济技术要求）；绘制压型钢板排布图（标准层压型钢板排版图、非标准层压型钢板排版图、标准节点做法详图、个别节点的做法详图、压型钢板编号、材料清单等）；完成已经安装完毕的钢结构安装、焊接、接点处防腐等工程的隐蔽验收。

2. 压型板与上下工序间的衔接

压型钢板与其他相关联的工序应按下列工序流程进行施工：

钢结构隐蔽验收→搭设支顶架→压型钢板安装焊接→堵头板和封边板安装→压型板锁口→栓钉焊→清扫、施工批交验→设备管道、电气线路施工、钢筋绑扎→混凝土浇筑。

3. 施工质量技术要点

（1）压型钢板在装、卸、安装中严禁用钢丝绳捆绑直接起吊，运输及堆放应有足够支点，以防变形。

（2）铺设前对弯曲变形者应矫正好。

（3）钢梁顶面要保持清洁，严防潮湿及涂刷油漆未干。

（4）下料、切孔采用等离子弧切割机操作，严禁用氧气乙炔切割。大孔洞四周应补强。

（5）是否需要搭设临时的支顶架由施工组织设计确定，如搭设应待混凝土达到一定强度后方可拆除。

（6）压型钢板按图纸放线安装、调直、压实并点焊牢靠，要求如下：

1）波纹对直，以便钢筋在波内通过；

2）与梁搭接在凹槽处，以便施焊；

3）每凹槽处必须焊接牢靠，每凹槽焊点不得少于一处，焊接点直径不得小于1 cm。

（7）压型钢板铺设完毕、调直固定后应用锁口机具进行锁口，防止由于堆放施工材料或人员交通，造成压型板咬口分离。

（8）安装完毕，应在钢筋安装前及时清扫施工垃圾，剪切下来的边角料应收集到地面上集中堆放。

（9）加强成品保护，铺设人员交通马道，减少在压型钢板上的人员走动，严禁在压型钢板上堆放重物。

4. 压型钢板施工工艺

压型钢板施工工艺见表7-12。

表7-12　压型钢板施工工艺

施工步骤	示例图片	施工方法及控制要点
1. 压型钢板吊运		使用吊带将压型钢板吊装至需要铺装的钢梁上

施工步骤	示例图片	施工方法及控制要点
2. 铺设压型钢板		根据图纸位置铺设相应编号的压型钢板，铺设方向平行钢梁处搭接不小于30 mm，铺设方向垂直于钢梁处，搭接长度不小于50 mm
3. 点焊固定压型板		使用手工电弧焊对压型钢板和钢梁进行点焊固定，点焊间距不大于900 mm
4. 洞口切割		楼层板如有留洞口位置，需用等离子切割机对相应位置进行切割
5. 收边板安装		安装楼层收边板，注意收边位置和设计位置一致

知识拓展：压型金属板屋面

古人有言："勿以恶小而为之，勿以善小而不为。"这句话对于我们来说很有警戒作用。在建筑工程中"安全无小事，小患酿大祸"，许许多多的大事故都是因小事而引发，因小患而造成。工程中有许多人因为忽视身边的小事而遗憾终身，因忽视细节而造成的事故数不胜数。

某建筑施工现场正在进行钢结构焊接工作，焊接班组组长在技术交底时，强调班组成员一定要佩戴好安全帽。班组成员在到达作业现场时，发现焊接部位必须进行仰焊，无法佩戴安全帽，安全员张某在检查作业现场时发现有一处工字钢梁容易碰到头部，并提醒作业人员刘某注意。但焊工刘某焊接作业结束，在检查其他焊接节位时，由于空间狭窄，不慎将头部碰到了工字钢梁上，造成头部受伤。

事故原因：

（1）施工班组安全管理和安全教育不到位。

（2）施工人员对安全确认不认真，发现安全隐患未及时采取可靠措施，安全提示不到位。

（3）焊接时因仰焊无法佩戴安全帽，但仰焊结束后没有及时佩戴好安全帽，自我保护意识差。因此，要求施工人员在作业现场必须佩戴好劳动防护用品，加强对员工的安全教育，加强对施工现场危险因素的排除。

◆ 心得体会

除安全帽的事故外，你觉得还有哪些小细节可能会造成大事故？这些给我们的警示是什么？

项目小结

该项目以钢结构构件制作和施工流程为主线，讲述了钢结构材料进场验收；钢结构构件的制作过程；建筑工程中钢结构常用的连接方式，并介绍焊接和螺栓连接现场的施工；钢结构防火涂装的基本要求和涂装过程；钢结构单层厂房安装的准备工作、安装方法和流程；高层钢结构安装准备工作和安装流程。网架钢结构的安装准备工作和安装流程；压型金属板安装的准备工作和压型钢板施工工艺。

项目训练

班级		姓名		学号		日期	

一、填空题

1．在钢结构工程中，常用的钢材有_____、_____、_____三种。

2．进口钢材产品的质量应符合_____和_____规定标准的要求。

3．钢材进场正式入库前必须严格执行检验制度，经检验合格的钢材方可办理_____。

4．钢的牌号由_____、_____、_____和_____四个部分按顺序组成。

5．钢结构构件加工前，应先进行施工详图设计、审查图纸、提料、备料、工艺试验和工艺规程的编制、技术交底等工作。施工详图和节点设计文件应经_____单位确认。

6．钢材在存放、运输、吊运和加工成型过程中会变形，必须对不符合技术标准的钢材、构件进行矫正。钢结构的矫正的方法有_____和_____两种。

7．_____是钢结构加工制作中的关键步骤。

二、多选题

1．钢材的（　　）应符合现行国家产品标准和设计要求。

　　A．品种　　　　　　B．规格　　　　　　C．性能　　　　　　D．设计

　　E．质量

2．钢材的堆放时，钢材端部应树立标牌，标牌应标明（　　）。

　　A．钢材规格　　　　　　　　　　　B．钢材钢号

　　C．钢材数量　　　　　　　　　　　D．质量合格证书

　　E．材质验收证明书

3．钢结构构件摩擦面的处理方法有（　　）。

　　A．喷丸　　　　　　B．喷砂　　　　　　C．涂装　　　　　　D．酸洗

　　E．打磨

三、简答题

简述钢结构构件生产的工艺流程。

班级		姓名		学号		日期	

一、填空题

1．钢结构的连接方法有_____、_____、_____、_____。

2．建筑工程中钢结构常用的焊接方法，按焊接的自动化程度一般分为_____、_____、_____三种。

3．为了评价化学成分对钢材的可焊性的影响，一般用碳当量（Ceq）示，Ceq表越小，钢材的淬硬倾向_____，可焊性就_____。

4．焊工应经考试合格并取得资格证书，应在认可的范围内进行焊接作业，严禁_____。

5．施工单位首次采用的钢材、焊接材料、焊接方法、接头形式、焊接位置、后热处理等各种参数及参数的组合，应在钢结构制作及安装前进行_____。

6．根据设计要求、接头形式、钢材牌号和等级等合理选择、使用和保管好_____和_____、_____。

7．常用的普通螺栓有_____、_____、_____。

8．产生冷裂纹的主要原因是_____、_____、_____等。

9．常用螺栓连接形式主要有_____、_____、_____等连接方式。

10．高强度螺栓可分为_____、_____、_____，摩擦连接是目前广泛采用的基本连接形式。

11．高强度螺栓连接中，钢板摩擦面的处理方法通常有_____、_____、_____和_____等。

二、判断题

1．钢材淬硬性越大，可焊性越好。（　　　）

2．钢结构的连接方法有焊接、普通螺栓连接、高强度螺栓连接和铆接。（　　　）

3．普通螺栓的紧固：中间开始，对称向两边进行。（　　　）

4．高强度螺栓可作为临时螺栓使用。（　　　）

5．高强度螺栓初拧、复拧、终拧在24 h内完成。（　　　）

6．高强度螺栓终拧后，螺栓丝扣外露应为3～4扣。（　　　）

三、简答题

1．焊缝缺陷通常分为哪些？

2．焊缝裂纹缺陷的处理方法有哪些？

项目训练三　钢结构防火涂装

班级		姓名		学号		日期	

一、单选题

按厚度划分，钢结构防火涂料可分为（　　　　）。

　A．A类、B类　　　　　　　　　　　　B．B类、C类

　C．C类、D类　　　　　　　　　　　　D．B类、H类

二、多选题

钢结构的防火保护可采用下列（　　　　）措施之一或其中几种的复（组）合。

　A．厂房天棚设置烟感器及自动喷淋头

　B．包覆防火板

　C．包覆柔性毡状隔热材料

　D．外包混凝土、金属网抹砂浆或砌筑砌体

　E．喷涂（抹涂）防火涂料

三、填空题

1．防腐涂料和防火涂料的涂装油漆工属于＿＿＿＿＿＿＿工种。施涂时，操作者必须有＿＿＿＿＿＿＿。

2．施涂环境温度、湿度，应按＿＿＿＿＿＿＿和＿＿＿＿＿＿＿执行，要做好施工操作面的通风，并做好＿＿＿＿＿＿＿。

四、简答题

钢结构采用喷涂防火涂料保护时，应符合哪些规定？

项目训练四　钢结构单层厂房和高层钢结构的安装

班级		姓名		学号		日期	

一、填空题

1．对于＿＿＿＿＿＿＿、＿＿＿＿＿＿＿和＿＿＿＿＿＿＿一般采用单件流水法吊装。

2．钢柱安装，一般钢柱的刚性较好，吊装时通常采用＿＿＿＿＿＿＿。

3．屋盖系统安装吊点必须选择在＿＿＿＿＿＿＿。

4．钢柱安装校正优先采用＿＿＿＿＿＿＿。

5．钢柱的吊装方法常用的有＿＿＿＿＿＿＿、＿＿＿＿＿＿＿和＿＿＿＿＿＿＿。

二、多选题

1．多层及高层钢结构吊装，多采用综合吊装法，其吊装程序一般是（　　　　）。

　A．在每一节柱子范围内的全部构件安装后，从地面控制轴线引测上一节柱子的定位轴线

　B．平面从中间或某一对称节间开始，按钢柱—钢梁—支撑顺序吊装

　C．当一片区吊装完毕后，即进行测量、校正、高强度螺栓初拧等工序

　D．垂直方向由下至上组成稳定结构，通常由上向下逐层安装

　E．通常以2～4层为一节，吊装一般采用一点正吊

班级		姓名		学号		日期	

一、填空题

1．网架具有_____、_____、_____、_____等优点。

2．构成网架的基本单元有_____、_____、_____、_____等。

3．高空滑移法可用于建筑平面为_____、_____或_____等平面。

4．网架安装采用高空滑移法施工，当建筑平面为矩形时滑轨可设在_____上，实行_____牵引。当跨度较大时，可在中间增设滑轨，实行_____牵引。

二、单选题

1．建筑型钢结构B类防火涂料的耐火极限可达（　　　）h。

　　A．0.5～1.0　　　　　B．0.5～1.5　　　　　C．0.5～2.0　　　　　D．1.5～3.0

2．建筑工程中，普通螺栓连接钢结构时，其紧固次序应为（　　　）。

　　A．从中间开始，对称向两边进行　　　　　B．从两边开始，对称向中间进行

　　C．从一边开始，依次向另一边进行　　　　D．任意位置开始，无序进行

三、多选题

1．网架节点形式有（　　　）。

　　A．焊接球节点　　　B．钢桁架节点　　　C．螺栓球节点　　　D．索膜节点

　　E．钢板节点

2．高空散装法要根据测量控制网对（　　　）进行技术复核。

　　A．基础轴线　　　　B．基础标高　　　　C．柱顶轴线　　　　D．梁顶标高

　　E．柱顶标高

3．压型钢板按图纸放线安装、调直、压实并点焊牢靠，且要求（　　　）。

　　A．波纹对直，以便钢筋在波内通过

　　B．按钢结构施工规范要求，与梁搭接不得设在凹槽处

　　C．与梁搭接在凹槽处，以便施焊

　　D．钢梁安装完成后，静置24 h，应力变化稳定后再安装本节柱范围内的楼面压型钢板

　　E．每凹槽处必须焊接牢靠，每凹槽焊点不得少于一处，焊接点直径不得小于1 cm

四、简答题

1．简述网架的安装方法及适用范围。

2．简述网架施工分条或分块法中安装单元的划分种类。

3．简述高空滑移法施工适用范围。

参 考 文 献

[1] 戚豹，朱文革. 钢结构工程施工 [M]. 北京：人民邮电出版社，2015.

[2] 杜绍堂. 钢结构工程施工 [M]. 北京：高等教育出版社，2018.

[3] 葛贝德，李建军，孙伟. 钢结构识图快速入门 [M]. 北京：机械工业出版社，2016.

[4] 马瑞强. 钢结构构造与识图 [M]. 北京：人民交通出版社，2013.

[5] 中华人民共和国住房和城乡建设部. GB 50755—2012 钢结构工程施工规范 [S]. 北京：中国建筑工业出版社，2012.

[6] 中华人民共和国住房和城乡建设部. GT/T 51232—2016 装配式钢结构建筑技术标准 [S]. 北京：中国建筑工业出版社，2017.

[7] 中华人民共和国住房和城乡建设部. GB 51022—2015 门式刚架轻型房屋钢结构技术规范 [S]. 北京：中国建筑工业出版社，2015.

[8] 中国建筑标准设计研究院. 16G519 多、高层民用建筑钢结构节点构造详图 [S]. 北京：中国计划出版社，2016.

[9] 中国建筑标准设计研究院. 15G108-6 门式刚架轻型房屋钢结构技术规范图示 [S]. 北京：中国计划出版社，2017.

[10] 中国建筑标准设计研究院. 15G909-1 钢结构连接施工图示（焊接连接）[S]. 北京：中国计划出版社，2015.

[11] 中国建筑标准设计研究院. 16G108-7 多、高层民用建筑钢结构技术规程图示 [S]. 北京：中国计划出版社，2016.